粤菜烹调技术

YUECAI PENGTIAO JISHU

主　编　王锦权　陈佩华　邓宇兵
副主编　黎炫飞　杨炜立　严静纯　卢汉镇
参　编　陈丽娥　李　莎　赖惠琼　刘静瑜
　　　　宋　萍　黎颖辉　梁　倩　谭莎莎
　　　　袁翠玲　罗　莉

华中科技大学出版社
http://press.hust.edu.cn
中国·武汉

内容简介

粤菜作为中国八大菜系之一，承载岭南饮食智慧，以独特口味、精湛技艺、丰富品种及清鲜本味理念著称。《粤菜烹调技术》围绕粤菜烹调核心，构建八大项目，涵盖基础知识与七种常见烹调技法，从地域文化到风味形成，深入浅出助力技法学习。

本书编排以任务驱动法为主，设任务导入（案例/问题激兴趣、促思考）、任务目标（明学习成果、指实践方向）、任务实施（融合知识准备等多环节，深析理论、细述实操，助构建烹饪认知、掌握粤菜精髓）。教材融入大量图片和视频操作，兼具知识性与实用性，更有资深大师参与编审，保障专业权威，期望成为读者学习粤菜烹调的良师益友，也盼读者指正疏漏。

图书在版编目（CIP）数据

粤菜烹调技术/王锦权，陈佩华，邓宇兵主编．－－武汉：华中科技大学出版社，2025.7.
ISBN 978-7-5772-1526-6

Ⅰ. TS972.117

中国国家版本馆 CIP 数据核字第 20253L6S17 号

粤菜烹调技术
王锦权　陈佩华　邓宇兵　主编
Yuecai Pengtiao Jishu

策划编辑：尹　红　汪飒婷

责任编辑：谢　源　程　慧

封面设计：原色设计

责任校对：林宇婕

责任监印：曾　婷

出版发行：华中科技大学出版社（中国·武汉）　电话：（027）81321913
　　　　　武汉市东湖新技术开发区华工科技园　邮编：430223

录　　排：华中科技大学惠友文印中心

印　　刷：武汉科源印刷设计有限公司

开　　本：889mm×1194mm　1/16

印　　张：10

字　　数：281千字

版　　次：2025年7月第1版第1次印刷

定　　价：49.80元

数字资源清单

全书同步测试参考答案及教学资源包

注：仅供教师用户在教学中使用。请教师用户联系我们（见封底"食在微信公众号"）获取动态密码。

粤菜在中国丰富多彩的饮食文化中，以其独特的口味、精湛的烹调技艺和丰富的品种独树一帜，是中国八大菜系之一。作为承载着岭南千年饮食智慧的文化瑰宝，粤菜不仅融合了广东各地的饮食特色，更以清鲜、爽嫩、本味的烹饪理念，诠释着对食材的尊重与对技艺的不懈追求。

本书围绕粤菜烹调技术的核心，精心构建八大项目，系统涵盖粤菜烹调基础知识，以及七种常见烹调技法（炖、蒸、扒、焖、炒、炸、煎）。从粤菜的地域文化到风味形成，本书采用深入浅出的方式，为学习烹调技法打下基础。

在本书内容编排上，烹调方法均以任务驱动为导向，创设任务导入、任务目标、任务实施三个环节。任务导入以生动案例或问题激发读者的学习兴趣，引导读者主动思考；任务目标清晰界定了学习内容，为实践指明方向；任务实施作为核心板块，将知识准备、原料准备、工艺流程、技术要点、成品特点、任务评价环节紧密结合。无论是理论知识的深度解析，还是实操步骤的细致呈现，都致力于帮助读者构建完整的烹饪认知体系，以及帮助读者掌握粤菜制作的精髓。

本书秉持知行合一的理念，通过图片与经典实例，将抽象的烹饪理论转化为直观的视觉语言，使本书内容丰富、实用性强。同时，多位粤菜大师深度参与本书的编写与审核，以其多年的行业经验为本书内容保驾护航，确保本书的专业性与权威性。

希望《粤菜烹调技术》能够成为读者学习粤菜烹调技术的良师益友，使读者能制作出美味可口的粤菜佳肴，感悟粤菜魅力。由于编者水平有限，加之编写时间紧迫，疏漏之处在所难免，热切希望广大读者批评指正。

编　者

项目一

粤菜烹调基础知识

项目描述

粤菜烹调基础知识是烹饪专业学生必须掌握的理论知识，烹调是粤菜工艺学研究的重要内容，本项目将详细地讲授烹调的概念、火候的运用、调味的方法与原理以及勾芡的方式等内容。

扫码看课件

项目目标

通过本项目的学习，学生可以系统地了解粤菜烹调的相关概念，为后续实操打下坚实的理论基础。

烹调的概述

俗话说"民以食为天"，人们在吃饱的基础上还追求吃好，因此古代就有了专门以烹调为职业的人——庖人，也就是现在的厨师。早期与厨艺有关的故事，非彭铿莫属了。彭铿是帝尧时代的人，相传他因向尧进献味道鲜美的"雉羹"（野鸡汤）而被尧赐封地于大彭（即今江苏省徐州市）。屈原《楚辞·天问》中的"彭铿斟雉，帝何飨？"，描述的就是这个传说。此外，对于烹调的描述古人还有很多，如陆游在《种菜》中描述："菜把青青间药苗，豉香盐白自烹调"。冯梦龙在《东周列国志》第三十七回中写道："御庖将野味烹调以进，襄王颁赐群臣，欢饮而散。"

接下来我们就来学习烹调的概念，了解它在我们日常生活中的作用。

任务目标

1. 了解烹调的概念。
2. 了解烹调的作用。

任务实施

一、烹调的概念

烹调，是通过加热和调制的方法，将加工、切配好的烹饪原料熟制成菜肴的操作过程，其包含烹和调两个方面的内容。

（一）烹

烹就是加热，通过加热的方式，使烹饪原料从生至熟，形成具有理想色泽、形状和质感的菜肴。

（二）调

调是指调和滋味，通过各种调味料和调味方法，使菜肴滋味可口，色泽诱人。

二、烹调的作用

烹调的作用体现在以下方面。

（一）烹的作用

1. 杀菌消毒，保障食品安全

大多数食材表面会携带细菌、寄生虫等。食材在加热烹饪的过程中，高温可以破坏大多数微生物的细胞膜结构，使蛋白质变性和酶活性丧失，进而杀死微生物。例如，肉类在烹饪前可能含有大肠杆菌、沙门氏菌等，而经过充分的煎、炒、烹、炸、蒸煮等，能有效杀灭病菌，让其安全可食，避免因食用不洁食物引发疾病，保障人体健康。

2. 分解养分，便于人体消化吸收

食物中的大分子营养物质（如蛋白质、脂肪、淀粉等），不易被人体直接吸收。在烹饪过程中能让这些物质在高温、水、酸、碱等作用下发生分解。例如，淀粉在高温糊化后，更容易被淀粉酶分解为葡萄糖；肉类蛋白质在加热变性后，更容易被蛋白酶水解成氨基酸，使人体能更高效地吸收营养，维持人的正常生理功能。

3. 使香味逸出，增强人的食欲

经过烹饪食材的香味能被激发出来。例如，在烤肉时，肉中的脂肪和蛋白质在高温烹饪下发生美拉德反应，生成醛类、酮类等香味物质，这些香味物质能刺激嗅觉神经，激发人的食欲，使人产生进食的欲望。

4. 合成滋味，将单一味混合成复合味

在烹饪过程中，不同食材的味道相互交融，调料与食材也充分发生反应。例如，制作五彩炒鸡丁时，鸡肉的鲜嫩、花生米的香脆、青瓜和萝卜的香味以及糖、醋、酱油的调配，在炒制过程中融为一体，形成独特的复合味，丰富了人的味觉体验。

5. 丰富色泽和质感，使菜肴的色、香、味、形、口感达到最佳状态

烹饪能改变食材的色泽和质感。例如，油炸能让肉类表面金黄酥脆；焯水能让蔬菜保持翠绿鲜嫩；烤制能让面包表皮形成诱人的焦糖色。通过不同的烹饪方式，使食材在色泽、口感、形态上发生变化，让人们的美食体验更完美。

（二）调的作用

1. 去除原料异味

许多食材本身带有异味，如羊肉的膻味、鱼虾的腥味等。通过葱、姜、蒜、料酒、醋、盐、糖、香料等调料，将异味成分掩盖或中和，让菜肴更易被人们所接受。

2. 增进菜肴美味

调料能为菜肴增添层次丰富的味道。盐能提鲜增味，糖能调和口味、增加甜味，酱油能赋予食材醇厚咸香，香料能带来独特香气。例如在卤水中，糖色带来的香甜、酱油带来的咸香和八角桂皮提供的辛香，让肉料肥而不腻，滋味醇厚。

3. 形成丰富的口感

不同调料组合能确定菜肴独特的口感，形成当地的特色风味。例如，粤菜讲究原汁原味，常用生抽、蚝油提鲜，通过精准调配，使菜肴拥有鲜明独特的风味。

4. 丰富的菜肴色彩

部分调料能让菜肴色彩更丰富。例如，老抽能让菜肴色泽红亮，咖喱粉能让菜肴呈现金黄色，番茄酱能让菜肴色泽更加鲜艳。在制作糖醋排骨时，糖色和番茄酱的使用，使排骨色泽诱人，更具视觉吸引力。

5. 提供丰富营养

部分调料富含营养成分。例如，盐提供钠元素，维持人体电解质平衡；醋含有多种有机酸和矿物质，能促进人体消化；橄榄油富含不饱和脂肪酸，有益于人体心血管健康。合理使用调料，既能调味，又能补充人体营养。

火候的概述

任务导入

苏轼在《猪肉颂》中写道："待他自熟莫催他，火候足时他自美。"作为烹调技术的重要组成部分，火候的掌握在烹调中尤为重要。火候的运用关系到菜肴的质量，是烹调技术的关键环节。本任务主要从火候的概念、如何掌握火候等方面进行介绍。

任务目标

1. 了解火候的概念。
2. 掌握火候的一般方法与原则。
3. 了解热源、传热方式、传热介质及加热过程中原料的变化。

任务实施

一、火候的概念

火候，是指菜肴在烹调过程中，所用的火力大小和时间长短。在烹调过程中，一方面要从燃烧的剧烈程度鉴别火力的大小，另一方面要根据原料性质来掌握烹饪时间的长短。两者统一，才能使菜肴烹调达到要求。

在烹调过程中，根据菜肴的制作要求，结合烹饪原料的性质、形状、数量等因素，运用不同的传热介质，在一定时间内运用加热方式把热量传递给烹饪原料，使其发生物理变化及化学变化，最后制成菜肴成品。

二、掌握火候的一般方法与原则

掌握火候需要了解热源的火力、传热介质的温度和加热时间三个要素。在火候的运用中，三个要素是相互作用、相互配合的。由于原料种类繁多，加热的方法各式各样，要想菜肴达到烹调的要求，就必须在实践中不断地总结经验，掌握其规律，这样才能正确地掌握和运用火候。

（一）火候的掌握方法

火候的掌握方法如下所述。
（1）在烹调菜肴的过程中，通过传热介质温度（如油温）的变化来判定火候。
（2）通过鉴别原料成熟度来确定火候。
（3）通过翻锅技巧来掌握火候。

（二）掌握火候的原则

在菜肴的烹制过程中，人们根据烹饪原料的性质、数量，菜肴成品的要求，传热介质的性质等因素，结合烹调实践，总结了掌握火候的一般原则。

（1）质老、形大的原料要用小火长时间加热。

（2）质嫩、形小的原料要用猛火短时间加热。

（3）对于要求质感脆嫩的菜肴，其原料要用猛火短时间加热。

（4）对于要求质感软烂的菜肴，其原料要用小火长时间加热。

（5）对于以水为传热介质，要求质感脆嫩的菜肴，要用猛火短时间加热；要求质感软烂的菜肴，则要用中火或小火长时间加热。

（6）对于以水蒸气为传热介质，要求质感鲜嫩的菜肴，其原料要用大火短时间加热。例如，禽畜肉料需用中火加热。

（7）对于以油为传热介质，要求内外皆酥脆的菜肴，适用油温较低，短时间加热；要求外脆里嫩的菜肴，则适用油温偏高，长时间加热。对火候的掌握需视油温高低而定。

综上所述，火候的掌握应以菜肴的制作要求为准，以菜肴性质状态的特点为依据，结合实际情况随机应变，灵活应用。

三、传热方式与传热介质

（一）传热方式

在烹调过程中，热传递属于一种自然现象，只要物体与物体之间存在温度差，就会产生这种现象，直到物体与物体之间温度相同，温差消失。热源通常以热传导、对流、热辐射三种基本传热方式使食物原料接收热能。

1. 热传导

传导是介质（主要有固体、液体、气体）内的传热现象，其在固体、液体和气体中均可发生，但在烹调过程中，只有在固体状态下才是纯粹的热传导，例如热能从锅的外壁传到内壁，从食物原料的表面传到内部等。热传导的速度与物体两端的热量差成正比，热能从物体温度较高部分传至温度较低部分。

2. 对流

对流是指依靠液体、气体的流动，把热能从一处传到另一处的现象。在烹调过程中，对流一般是指发生在水、油和蒸气中的热传递。

3. 热辐射

热辐射是指物体之间利用放射和吸收彼此的电磁波，而不需要任何介质，就可以达成温度平衡。物体间辐射传热的实现是通过能量形式进行转换（即物体内能→电磁波能→物体内能），物体温度较低时，物体不依靠介质，直接将能量传递给其他物体的过程。主要以不可见的红外光进行辐射，在温度达到 500 ℃及以上时，则顺次发射可见光以至紫外辐射。例如，太阳能热水器、太阳灶、微波炉等都是热辐射。

（二）传热介质

传热介质是指将热能传给烹饪原料的媒介，又称传热媒介。烹调过程中常见的传热介质有水、食用油、水蒸气、锅、盐等。

1. 水

水是最常用的传热介质之一，主要通过对流的方式传热。水作为传热介质有以下特点。

①沸点低，导热性能好。

②比热容大，易于操作。

③传热均匀。

④化学性能稳定，不会产生有毒物质。

⑤容易对烹饪原料进行调味。

⑥可能会导致一些营养成分的流失。

2. 食用油

食用油也是常见的传热介质，主要通过对流方式传热。食用油作为传热介质有以下特点。

①沸点高，储热性能好，加热均匀且迅速。

②有利于烹饪原料的成形。

③有利于菜肴香味的形成。

④能够产生焦香气味。

⑤可能导致维生素的流失以及产生一些有害物质。

3. 水蒸气

水蒸气是水达到沸点时汽化产生的。在进行烹调时，是在相对密封的环境中以对流的方式进行，水蒸气作为传热介质有以下特点。

①传热速度快、均匀、稳定。

②能够较好地保持烹饪原料加热前的造型、味道，营养成分流失少。

③加热过程中不易入味，不能调味。

④便于清洁卫生。

4. 固体物质

以固体物质作为传热介质，主要依靠传导受热，常见的有烹调器具、盐粒、砂粒、卵石、竹筒、铁板、石板等。这种方法要求传热介质传热迅速，储热容量大，无害、无毒、无异味，使用方便，能够形成某种风味特色。其主要有以下特点。

①传热相对不均匀，温度不易控制。

②传热直接，加热迅速。

③成品具有独特风味。

④储热容量大，释热时间长。

⑤加热过程中不能调味。

| 知行领航 |

　　在烹饪过程中，火候是随着食材的不同而变化的，火候的精准把握至关重要。人生的不同阶段、不同目标也需精准规划"火候"，如学生时代是积累知识的阶段，如同小火慢炖，需要耐心地夯实基础，一步一个脚印，不能急于求成。如果一味追求快速出成果，结果只会让知识体系变得焦煳杂乱，无法构建稳固根基。在步入职场初期，面对机遇与挑战，要有中火适度发力，在巩固所学知识的同时积极拓展实践技能，找到自己的发力点。

Note

四、烹饪原料在烹调过程中的变化

烹饪原料在烹调过程中会发生各种物理变化和化学变化，使得烹饪原料的形状、色泽、质地、风味等发生变化。其主要的变化有以下几种。

1. 物理分解作用

烹饪原料在受热后组织结构遭到损坏，使得原料细胞内容物外逸，原料组织松弛，烹饪原料成分从浓度高的地方向浓度低的地方扩散。

例如，在制汤过程中，汤料中的水介质在加热时，分子运动加快，在分解作用下，汤中的各种物质不断扩散至均衡浓度，使得营养成分均匀分布。

淀粉在加热过程中，由于其不溶于水，在加热到 $60 \sim 80 \, ℃$ 时，会不断吸水，膨胀分裂成糊状，这是受物理分散作用影响产生的结果。

2. 水解作用

水解作用是指烹饪原料在水中加热时，成分会发生化学反应，使大分子物质分解为小分子物质。

淀粉在加热过程中，会水解产生部分麦芽糖或葡萄糖，增加甜味；肉类在熬制过程中，其胶原蛋白水解后会达到软烂的质感，从而分解为明胶，赋予汤汁浓稠感。鸡肉、鱼肉等在熬汤时，一部分蛋白质会逐渐分解，生成蛋白胨、多肽等中间产物，这些物质进一步水解，最后分解成各种氨基酸，使得汤汁浓稠且鲜美可口。

3. 凝固作用

凝固作用是指在加热烹饪原料的过程中，食材中的液态或半液态成分因物理或化学作用转化为固态或半固态的过程，其本质是分子结构的重新排列与稳定化，在形态上由软变硬、由液态变成固态。如蛋清在加热时凝固；瘦肉在烹煮时收缩变硬；高温蒸鱼时，鱼体表面蛋白质凝固，结构体起保护作用，所以鱼不易碎。相对来说，加热时间越长，温度越高，蛋白质凝固得越硬，且凝固速度也越快。在电解质存在的情况下，蛋白质的凝固作用更迅速，烤肉或需要浓白汤汁的菜肴，食盐不能下得过早，否则，肉等原料中蛋白质凝结太早，会影响汤汁的质量。

4. 酯化作用

原料中的酸（有机酸或无机酸）与醇类物质在酸性催化剂或酶的作用下，通过脱水反应生成脂类物质的过程称为酯化作用。酯类物质是食品中重要的风味来源，赋予食物花果香、甜香等复杂香气。

酯化作用是一种常见的有机化学反应，烹饪过程中也会在有酸和醇的情况下产生。原理是酸（如羧酸）和醇（如乙醇）在催化剂（通常是酸，在烹饪中可能是食物中的有机酸）的作用下，酸中的羧基（— COOH）和醇中的羟基（— OH）结合，脱去一分子水，形成酯。例如，在制作鱼时，需要加入料酒和醋，料酒中的乙醇和醋中的醋酸就会发生酯化作用。生成的乙酸乙酯有浓郁的果香味，能够去除鱼的腥味，让鱼的味道更加鲜美。又如，在制作果酱时，水果中的有机酸与加入的糖（含有醇羟基）在加热熬制过程中也可能发生酯化反应，让果酱产生特殊的香味，提升口感。

5. 氧化作用

食物中的多种维生素在加热的情况下会被氧化破坏，其中维生素 C 最容易被破坏，其次是维生素 B_1 和维生素 B_2，尤其是遇碱时则完全被破坏，在酸性环境中则比较稳定。

多数维生素易被氧化分解，尤其在碱性条件下温度缓慢上升时，维生素的流失最大。按其种类

大致流失的顺序是：维生素 C/ 维生素 B_1 ＞维生素 B_2 ＞其他 B 族维生素＞维生素 A ＞维生素 D ＞维生素 E，即水溶性维生素较脂溶性维生素易流失。因此，在烹制含维生素 C 较多的蔬菜时，加热的时间不宜过长，也不宜放碱，更不宜使用铜制器具。

血红色的肉类加热后的色泽变化也是氧化作用的表现，血红蛋白被氧化成变性肌红蛋白。蔬菜原料在加热时与空气接触，多数维生素容易被氧化，使蔬菜原料变色，维生素功效被破坏。

调味的方法与原理

任务导入

从古至今，调味品的使用和发展反映了人们对食物味道的追求和对饮食艺术的探索。粤菜非常重视菜品的味，在烹调菜肴的过程中，调味是一个重要的环节。想要学好烹调技术，就必须掌握调味的相关知识。

任务目标

1. 了解调味的概念。
2. 掌握调味的原则及作用。

任务实施

一、味的概念

味又称味觉、味道、滋味，是指食物在进入口腔，经咀嚼后引起感觉的过程。这里的味主要是一种综合味道，是由物理味觉、化学味觉和心理味觉相互配合形成的。

二、味的分类

味觉从广义上可划分为物理味觉、化学味觉和心理味觉三大类。狭义上的味觉则是指化学味觉。平常所说的味道指的是化学味觉。

1. 物理味觉

物理味觉是由食物的软硬、黏度、冷热、口感、粗细等因素引起的。物理味觉是衡量成品的重要指标，例如，菜肴的酥脆、酥烂、脆嫩、软嫩等程度的不同，都能引起人的物理味觉。

2. 化学味觉

化学味觉是由人的味觉器官和嗅觉器官共同作用引起的味觉。人的舌头表面，分布着许多乳头状的组织，在乳头状的组织上分布着味觉细胞，称为味蕾。由于舌头的不同部位对味道的敏感性不同，会引起不同的感觉，这种感觉称为味或滋味。

3. 心理味觉

心理味觉是指菜肴的色泽、形状、组织结构、就餐环境、就餐气氛等因素对人的心理产生的一种感受或感觉。

三、调味的原则及作用

（一）调味的概念

简单来说，调味就是调和菜肴的滋味。具体是指在烹调过程中，运用各种调料和方法，调和菜肴滋味、香气、色泽的工艺过程。

调味与火候被称为烹调的两大工艺技术。味，一直是菜肴的"灵魂"，而味道主要是调制出来的，是菜肴调制的核心，是评价菜肴质量优劣的重要标准之一，它直接关系到菜肴风味的好坏。

粤菜讲究五滋六味，五滋是指粤菜中五种核心的口感层次（即香、肥、松、软、浓），讲究菜点的质地，通过加热，可以显现出的物理味道，它们通过口感去鉴别。而六味是指粤菜调味的六种基础味型（即酸、甜、苦、辣、咸、鲜），是通过舌头上的味蕾去感受的味道。

（二）调味的原则

1. 根据原料性质，精准地加入调味品

凡是鲜活的原料，要注意突出原料的本味，切不可投入过重的调味品，以免影响原料本身的鲜美。对有腥膻气味的原料，应该投入能够去除异味的调味品，做到抑短扬长。对燕窝、鱼翅、海参等本身无味的原料，应该根据烹饪菜肴的要求，放入所需调味品。

2. 调味应适合时节、适应习俗

人的口味随地方、气候和生活习惯的不同而有所差异。例如，粤菜着重于清淡鲜香，川菜味厚麻辣，鲁菜味重清鲜，淮扬菜味浓略甜。季节的变化对菜肴口味亦有影响，炎热的夏季人们的口味偏好清淡，寒冬时节人们的口味又偏重于浓厚醇香。

3. 根据菜肴的口味准确调味

菜肴的烹调都有一定的质量标准，在烹调过程中，必须按照烹调技术特点、地方特色要求进行调味，切忌随心所欲地调味。人们在结合饮食文化背景和发扬风味特色的前提下，可以发展、创新菜肴。

4. 要适应地方口味和用餐对象进行灵活调味

在保持地方菜肴风味特点的前提下，还要注意就餐者的不同口味，做到因人制菜。所谓"食无定味，适口者珍"，就是因人制菜的恰当概括。

5. 要掌握调味品特性正确调味，选用优质调料

必须熟悉调味品的特性才能正确调味，调味料品种繁多，就算是同一种调味品，等级和质量标准也会不同，不了解所用调味品的特性，就无法做到正确调味。原料好而调味不佳或调味品投放不当，都会影响菜肴风味。

| 知行领航 |

各地烹饪调味方式是地域文化重要体现。如川菜的麻辣，反映了巴蜀地区人民热情豪爽的性格；粤菜的清淡鲜美，彰显岭南文化的细腻温婉。传统调味配方代代相传，承载着家族记忆与民族情感。同时，随着时代发展，厨师们在保留传统菜肴精髓的同时不断创新调味，融合新食材与技法（如分子料理中对传统调味的颠覆与创新），使菜肴既有历史的厚重感，又有时代的创新气息。

（三）调味的作用

1. 去除异味

所谓异味，是指部分原料本身具有的使人生厌、影响食欲的特殊味道。如牛肉、羊肉、水产品等，往往都具有较重的腥膻异味，部分蔬菜及其他原料也存在不良气味，这些异味的存在会影响人们的食欲，所以在加工处理原料时，可进行调味以去除异味。

2. 增加美味

部分原料本身的味道很淡薄、单调，而有些原料鲜香，滋味较好，在烹调中取长补短加以配合，可使烹调后的菜肴滋味更加鲜美。例如，鱼翅、海参等原料，虽然口感好，营养价值丰富，但其本身几乎没有味道，必须依靠调味品、高汤或本味鲜香的原料来互相渗透、互相配合，才能使菜肴色、香、味更加完美。

3. 确定口味

菜肴品种繁多，口味多样，菜肴口味的形成主要依靠烹调时的调味来决定，同样的原料佐以不同的调料，可形成不同的口味，如糖醋咕噜肉这道菜，糖带来甜味，醋产生酸味，甜味和酸味相互交融，甜味可以中和醋的尖锐酸味，使酸味变得柔和；酸味又能减轻糖的甜腻感。同时，五花肉本身有肉香，烹调过程中还会加入盐等调味料增加咸味，加入菠萝、青椒等增添香味，多种味道相互调和，形成了独特的复合美味。

4. 丰富口味

对于同一种原料，通过使用不同的调味品和调味方法，可以制作出丰富多彩的菜肴。这些调味品的使用，使得菜肴的口味更加丰富多样，满足了不同人的需求。

勾芡的方式

勾芡是烹饪的专业术语，在许多菜谱、烹饪书籍等书刊杂志中经常出现。那么什么是勾芡呢？勾芡就是在菜肴接近成熟时，将调好的水淀粉芡淋入锅内，使汤汁浓稠或均匀地裹在原料周围的一种烹调辅助方式。勾芡的主要材料是各类淀粉，勾芡后往往还要加入尾油。因此，通过勾芡，不仅能够将汤汁裹在菜肴的周围，同时还能够使菜肴形态饱满、口感滑嫩、色泽鲜亮。

任务目标

1. 了解勾芡的概念及作用。
2. 掌握勾芡的方式。
3. 掌握勾芡的要求。

任务实施

一、勾芡的概念及作用

（一）勾芡的概念

芡是指烹调时，用淀粉加水调成的浆汁，其能吸收水分和异味，使菜肴汤汁浓稠，同时，依附在菜肴原料的表面，使菜肴质地滑润美观。

勾芡时，一定要掌握好时间和芡汁的浓度，一般在菜肴接近成熟时，将芡汁调入菜肴或汤汁中，令其受热糊化。勾芡是否恰当，对菜肴成品质量影响很大，是烹调的基本功之一，也是成品菜肴的最后制作阶段的一道重要工序。

（二）勾芡的作用

勾芡对菜肴的色、香、味、形等有很大的影响，其作用主要包括以下几个方面。

（1）增加菜肴的浓稠度。

菜肴经勾芡后，汤汁变得更加浓稠，菜肴的口味也更加丰富，同时菜肴更加柔嫩、鲜美。

（2）能提升菜肴的色泽。

菜肴经勾芡处理后，汤汁会呈现出莹润的光泽，色泽也愈发鲜明透亮，让整道菜肴的卖相更显精致，视觉上的美感也随之提升。

（3）能保持菜肴的温度。

勾芡后的菜肴能更好地保持温度，可使菜肴热量散发变缓，起到一定的保温作用。

（4）能减少营养成分的流失。在烹制过程中，菜肴的汤汁带有大量的营养素，勾芡能使汁菜合一，减少营养素的流失，最大限度地保留菜肴的营养成分。

知行领航

　　不同菜品适合不同的勾芡方式，薄芡用于清汤菜品，厚芡用于烩菜，目的是让芡汁与食材、汤汁完美融合，提升菜品的整体风味。这体现了和谐统一的理念。同学们在平时要注重团队协作意识和集体荣誉感。在集体生活中，个人要融入集体，与他人相互配合，发挥各自优势，才能达成共同目标。

二、勾芡的方式

勾芡的方式主要包括以下几种。

（1）按勾芡与调味关系来划分。

①碗芡。先调味再勾芡的方式称为碗芡。在烹饪过程中，将水淀粉与调味品混合在一个碗中，形成一种预调好的芡汁，在菜肴的最后阶段倒入锅中，使汤汁变得浓稠，从而提升菜肴的口感。

②锅芡。调味与勾芡同时进行的方式称为锅芡。在烹调过程中，将调味品与芡料同时加入锅中，快速搅拌汤汁使其变得浓稠，从而使汤汁与食材更好地融合在一起。

（2）按勾芡的手法来划分。

①吊芡。一边将搅匀的芡汁缓缓倒入锅内，一边通过锅铲或翻锅动作，翻拌锅内菜肴，使菜肴均匀上芡，这种手法称为吊芡，多用于炒和油泡烹调法。

②推芡。推芡主要是指在菜肴即将出锅前，将调制好的芡汁倒入锅中，用锅铲等工具快速地推动芡汁，使其均匀地包裹在食材表面。

例如，炒滑蛋牛肉这道菜，当牛肉和鸡蛋快要炒熟时，将调好的芡汁倒入锅中，快速推动芡汁，使蛋液和牛肉裹一层薄薄的、有光泽的"外衣"。这样做可以使菜肴的味道更加浓郁，口感更加嫩滑，而且在外观上也更加光亮，提升菜肴的色、香、味。

③泼芡。泼芡即在勾芡时，一只手持手勺，勺内盛芡粉，手腕一抖，将稀芡粉均匀撒在菜肴上，另一只手持锅旋转或用手勺翻拌，令芡汁均匀包裹食材。这种手法常用于焖法，因而亦可称为焖芡。使用这种手法时，须防止芡粉撒在锅边被焦化而产生焦煳味。

④浇淋芡。浇淋芡是指对菜肴原汁勾芡或对另配的调味汤汁勾芡，然后将芡汁浇淋于菜肴上，也称为扒芡。扒、焖、浸、蒸、炸等烹调方法常用此手法勾芡。

⑤拌芡。拌芡是指先将锅内调味汁勾芡，再加入烹熟（一般为炸熟）的菜肴拌匀，使之挂芡。调味汁成芡后浓稠度增大，渗透力减弱，能使酥脆菜肴保持脆性，此手法常用于油炸等烹调方法。

⑥半拌芡。半拌芡常用于油炸干果的菜式，菜肴勾芡后再加入炸干果仁拌匀。半拌芡的目的是保持炸果仁的酥脆。放入果仁后要尽快将菜肴装盘，否则锅内热气会使果仁失去脆性。

三、勾芡的要求

勾芡的要求如下。

（一）掌握勾芡时机和加热时间

勾芡必须在菜肴即将成熟时进行。勾芡过早或过晚都会影响菜肴质量，勾芡过早会导致淀粉在长时间加热中分解，失去增稠效果，而过晚则可能无法均匀包裹食材。

（二）确定口味和色泽后再勾芡

如果勾芡后再加入调味品，菜肴就不易溶解、渗透入味，起不到调味、调色的作用。所以必须确定菜肴的口味和色泽后，再进行勾芡。

（三）根据汤汁数量进行勾芡，掌握勾芡浓度

勾芡时锅中菜肴的汤汁必须适量，不可过多或过少，用焖、扒等方法制作的菜肴，如果汤汁过多，可通过猛火将汤汁略收干后，再进行勾芡。如果汤汁过少，可沿锅边淋入汤汁后，再进行勾芡。

（四）勾芡时油量要适中

由于油与淀粉不能融合，所以进行勾芡时，菜肴的油不宜过多，否则芡汁不易挂附在食材表面。如果在勾芡前发现油量过多，可用炒勺将多余的油撇去，再进行勾芡。如果菜肴缺少光泽，可在勾芡后，加入尾油。

→ 任务检验

一、选择题

1. 调的作用之一是（　　　）。
A. 配料巧妙　　　　　　B. 味型丰富　　　　　　C. 确定口味　　　　　　D. 杀菌消毒

2. 火候通常是指（　　　）。
A. 加热时火焰的高低
B. 加热时火力的大小
C. 热量传递速度快慢
D. 烹制食物时火力的大小和加热时间的长短

3. 烹调质老、形大的原料要用（　　　）。
A. 大火长时间加热　　　　　　　　B. 小火长时间加热
C. 大火短时间加热　　　　　　　　D. 猛火短时间加热

4. 粤菜中"六味"指的是（　　　）味觉。
A. 物理味觉　　　　　B. 化学味觉　　　　　C. 心理味觉　　　　　D. 综合味觉

5. 鱼肉在加热后不易碎是（　　　）。
A. 分散作用　　　　　B. 凝固作用　　　　　C. 水解作用　　　　　D. 氧化作用

二、填空题

1. 对于以水蒸气为传热介质且要求质感鲜嫩的菜肴，其原料要用_____短时间加热。_____需用中火加热；蛋类原料需用小火加热。

2. 烹就是_____，通过运用各种加热的方法，使烹饪原料从生至熟，形成具有理想色泽、_____和_____的菜肴的过程。

3. 传热介质是指将热能传给_____的媒介，又称传热媒介。烹调过程中常见的传热介质有_____、_____、水蒸气、锅、盐等。

4. 味觉从广义上可划分为_____、_____和_____三大类。狭义上的味觉则是指化学味觉。平常所说的味道指的是_____。

5. 勾芡的方式主要包括_____和_____两种。其中，先调味再勾芡的方式称为_____。_____的方式称为锅芡。

三、简答题

1. 烹调中烹的作用是什么？
2. 热的传递方式有哪些？
3. 简述勾芡的要求。

项目二
烹调方法——炖

扫码看课件

项目目标

素质目标

1. 树立学生文化自信，具有职业理想。
2. 使学生具备信息化素养和创新意识。

知识目标

1. 了解烹调方法——炖的含义与特点。
2. 熟悉常见炖类粤菜品种的工艺流程。

能力目标

1. 掌握原炖法和分炖法的技术要点与区别。
2. 熟练制作原炖、分炖等技法对应的粤菜代表品种。

项目概览

炖是指将经过加工处理的烹饪原料，投入装有汤水和调料的炖盅内，加盖密封，用小火长时间加热至主料软腍成菜，汤清味香的烹调方法。粤菜常用的炖制方法有原炖法和分炖法等，其代表性菜品如下。

类别	概念	代表性菜品
原炖法	也称原盅炖，即将所有原料、调味料等投入炖盅内进行炖制的方法	虫草花炖鹧鸪
分炖法	指将一个炖品所需原料分为几盅炖制，炖好后再合为一盅的方法	天麻炖水鸭

原炖法——虫草花炖鹧鸪

→ 任务导入

　　虫草花炖鹧鸪是粤式经典炖汤之一，其主要原料为虫草花和鹧鸪，都是中国传统药食同源的食材。虫草花具有补肺益肾、增强免疫力等作用。人工养殖的鹧鸪具有补益身体、滋阴润燥的功效。虫草花炖鹧鸪的烹饪方法、选材等体现了中国饮食文化中对食材的尊重和利用，以及通过食疗达到健康的目的。

→ 任务目标

素质目标

1. 形成规范操作的安全意识和职业意识。
2. 体验小组合作的快乐，增强团队合作意识和集体荣誉感。
3. 树立安全卫生意识，养成良好行为习惯。

知识目标

1. 理解原炖法的定义与特点。
2. 了解原炖法的具体应用。

能力目标

1. 掌握原炖法的工艺流程和操作要领。
2. 能够独立完成菜品制作。

→ 任务实施

一、知识准备

　　原炖法也称原盅炖，即将所有原料、调味料等投入炖盅内进行炖制的方法。原炖法制作简单，能够最大限度地保持食材的本味和营养，但由于汤水的色泽不易掌控，且肉料与配料会相互影响，所以容易出现串色、串味等情况。

Note

二、原料准备

用料参考		参考重量 /g
主料	鹧鸪	500（约2只）
	虫草花（浸发）	50
调辅料	瘦肉	350
	陈皮（浸发）	15
	干桂圆	15
	生姜	10
	盐	8
	花雕酒	30
	水	1000

注：可根据具体教学内容调整用量。

三、工艺流程

虫草花炖鹧鸪
制作视频

①将处理干净的鹧鸪切块，瘦肉切丁（约 2 cm 见方）。将虫草花、陈皮浸发好，陈皮去囊切丝、干桂圆去壳、生姜切菱形片备用。

②将处理好的鹧鸪块、瘦肉丁焯水后捞出，过冷水洗净，沥干备用。

③将鹧鸪块、瘦肉丁、虫草花、陈皮、桂圆、姜片放入炖盅，再加入开水、花雕酒。

④将炖盅放入蒸盘中，加盖蒸制两小时，加盐调味即可。

四、技术要点

1. 原料在炖制前一定要去除血污和异味。

2. 用勺撇去汤面油，汤水中的油不可过多。

3. 炖制的时间长，应加盖防止串味。

五、成品特点

汤色透亮，原料质地腍软，形状完整。

| 知行领航 |

　　虫草花和鹧鸪均具有丰富的营养价值和药用功效。我们平时要关注饮食健康，学会选择营养丰富、对身体有益的食材，培养健康的生活习惯和养生意识。学习虫草花炖鹧鸪的功效，了解其适用人群，学会根据不同人的需求提供合适的饮食关怀，培养学生关爱他人的品质。

六、任务评价

（一）评价指标

评价内容	评价标准	分值 / 分	学生自评	教师评价
操作手法	切原料时刀具使用规范；烹制时动作规范	20		
成品标准	汤色透亮，原料质地腍软，形状完整	30		
成品味道	味道咸鲜，原料腍而不散	30		
卫生	操作时保持工位洁净；操作后工位干净整齐，工具清洗干净并摆放还原	20		
合计		100		

（二）小组互评

请选择您的满意指数 （请在□内画√）	非常满意	满意	一般	不满意
刀工均匀，原料初步处理规范	□	□	□	□
汤色透亮，原料质地腍软，形状完整	□	□	□	□
味道咸鲜，原料腍而不散	□	□	□	□
本菜品令您满意的地方				
本菜品您认为不足的地方				
本菜品您能接受的价格是	元 / 份			
意见和建议				

分炖法——天麻炖水鸭

任务导入

天麻炖水鸭是一道粤式传统药膳，其中天麻是一味名贵的中药材，有息风止痉、平抑肝阳等功效；水鸭肉质鲜美且营养丰富。在炖的过程中，天麻的独特风味慢慢融入鸭肉和汤中。炖好的天麻水鸭汤，汤浓味美，鸭肉鲜嫩，不仅口感极佳，而且对身体不适（如头晕、头痛等）有一定的缓解作用。同时，这道菜也体现了中医食疗的智慧和中国传统饮食文化的魅力。

任务目标

素质目标

1. 形成规范操作的安全意识和职业意识。
2. 体验小组制作的快乐，增强团队合作意识和集体荣誉感。
3. 树立安全卫生意识，养成良好行为习惯。

知识目标

1. 理解分炖法的定义及特点。
2. 了解分炖法的具体应用。

能力目标

1. 掌握分炖法的工艺流程和操作要领。
2. 能够独立完成菜品制作。

任务实施

一、知识准备

将一个炖品所需原料分为几盅炖制，炖好后再合为一盅的方法称为分炖法。分炖法能够最大限度地确保食材的色、香、味，易掌控汤色，且可以灵活把握不同原料的炖制时间，出品也相对美观，但分炖法制作起来较为繁琐，需要耗费较大的人力、物力，一般适用于高档炖品的制作。

二、原料准备

用料参考		重量参考 /g
主料	水鸭	750（1 只）
	天麻片（干）	20
调辅料	瘦肉	100
	淮山片（干）	10
	生姜	5
	黄芪	10
	枸杞	7
	红枣	10
	绍酒	10
	盐	8
	水	1500

注：可根据具体教学内容调整用量。

三、工艺流程

①将水鸭处理干净备用。

②将天麻片、淮山片、黄芪、枸杞、红枣（去核）等洗净备用。

③瘦肉切丁，生姜切片备用。

④将处理好的肉料焯水后捞出，洗净并沥干水分备用。

⑤将肉料放入炖盅，加入姜片、开水、绍酒等并加盖密封；将天麻片、黄芪、淮山片等放入另一炖盅，加少量沸水并加盖密封后，一同放入蒸柜蒸90分钟左右（按实际情况调整时间）。将鸭汤中的姜片挑出，随后将另一炖盅的药材汤汁倒入鸭汤中，加盖继续蒸30分钟左右，品尝前加盐调味即可。

天麻炖水鸭
制作视频

四、技术要点

1.分盅炖制需要按照原料的特性及成品要求进行操作。

2.灵活掌握火候。

3.合盅时需根据实际情况加入各盅汤汁。

五、成品特点

汤鲜味美，造型美观，肉料软腍。

相关知识

水 鸭

　　水鸭又名蚬鸭，学名绿头鸭，古代称野鸭、晨鸭等，属于鸭科鸭属中体型较小的鸟类。水鸭性质寒凉，味道甘甜，归胃经、肺经和肾经。水鸭不仅是一种食材，而且具有一定的药用价值，其能够补中益气、利水消肿和清热解毒，对于身体虚弱、病后体虚、上火、食欲缺乏、大便干燥等症状有治疗作用。同时，水鸭还能滋润五脏之阴，清虚劳之热，补血行水，养胃生精，止咳止惊，健脾清肠，对虚弱浮肿、营养不良性水肿等也有疗效。

　　选购水鸭时，可以通过以下技巧来判断其新鲜度：一看眼球，越饱满的越新鲜；二看表皮，白色发粉，毛囊突出，用手指压肉后的凹陷能够快速恢复原状；三看肉切面，表面微干不粘手且有光泽；四闻气味，新鲜的水鸭有一种清香的腥味，无异味，无臭味。

知行领航

　　分炖法作为天麻炖水鸭的独特烹饪方式，既保留了食材的原汁原味，又确保了汤色的清亮与美观。这种烹饪过程，不仅体现了粤菜对食材的尊重与珍惜，更蕴含着对健康生活的深刻理解与追求。天麻炖水鸭不仅是一道美味佳肴，更是中华传统医学与饮食文化相结合的典范。它教会我们如何在日常生活中运用自然之力来滋养身心，如何在繁忙和喧嚣中寻找一份宁静与平和。

六、任务评价

（一）评价指标

评价内容	评价标准	分值/分	学生自评	教师评价
操作手法	切原料时刀具使用规范；烹制时动作规范	20		
成品标准	汤色透亮，原料质地腍软，形状完整	30		
成品味道	汤鲜味美，肉料软腍	30		

评价内容	评价标准	分值/分	学生自评	教师评价
卫生	操作时保持工位洁净；操作后工位干净整齐，工具清洗干净并摆放还原	20		
合计		100		

（二）小组互评

请选择您的满意指数 （请在□内画√）	非常满意	满意	一般	不满意
刀工均匀，原料初步处理规范	□	□	□	□
汤色透亮，原料质地脆软，形状完整	□	□	□	□
汤鲜味美，肉料软脆	□	□	□	□
本菜品令您满意的地方				
本菜品您认为不足的地方				
本菜品您能接受的价格是	元/份			
意见和建议				

项目小结

本项目主要介绍了烹调方法——炖的概念、分类，以及不同炖制方法对应的粤菜代表性菜品的具体工艺流程、技术要点、成品特点等。本项目的知识结构如下所示。

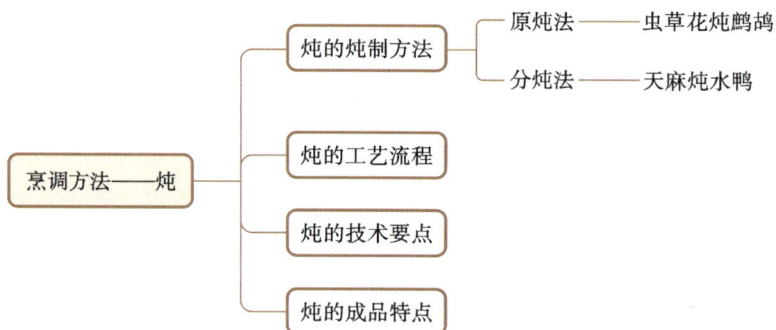

```
                                      ┌─ 原炖法 ── 虫草花炖鹩鸪
                      ┌─ 炖的炖制方法 ─┤
                      │                └─ 分炖法 ── 天麻炖水鸭
                      │
烹调方法——炖 ─────────┤─ 炖的工艺流程
                      │
                      ├─ 炖的技术要点
                      │
                      └─ 炖的成品特点
```

同步测试

选择题

1. 以下关于炖的烹调方法说法错误的是（　　）。

A. 炖制菜肴前一般需要拉油和焯水

B. 炖的烹调法一般需要长时间加热

C. 炖制菜肴的成品原料一般软脆而不散

D.炖是指将经过加工处理的食物原料，投入装有汤水和调料的炖盅内，并需要加盖密封后才能进行加热

2.烹调方法——炖，可以分为（　　）两种。

A.清炖法、原炖法　　　　B.原炖法、分炖法　　　　C.生炖法、熟炖法　　　　D.清炖法、蒸汽炖

3.以下不属于原炖法的特点的是（　　）。

A.制作简单

B.能够保持食物原味和营养

C.容易掌握汤水色泽

D.容易串色、串味

4.以下关于分炖法描述正确的是（　　）。

A.将一个炖品所需原料分为几盅炖制，炖好后再合为一盅的方法

B.将熟肉料与辅料混合炖制成菜的方法

C.也称原盅炖，即将所有原料、调味料等投入炖盅内进行炖制的方法

D.炖制菜肴的成品原料一般软腍而易散

5.以下不属于分炖法的技术要点是（　　）。

A.分盅炖制需要按照原料的特性以及成品要求进行操作

B.灵活掌握火候

C.合盅时需根据实际情况加入各盅汤汁

D.容易串色、串味

项目三
烹调方法——蒸

扫码看课件

项目目标

素质目标

1. 培养和提高学生的综合素质。
2. 树立学生文化自信，增强其对粤菜美食文化的认识和自豪感。

知识目标

1. 了解烹调方法——蒸的基本原理，以及对其原料加热的方式和效果。
2. 掌握蒸制过程中的关键步骤和技巧。

能力目标

1. 能够根据菜谱或指导，独立完成蒸制菜肴的全过程。
2. 掌握基本蒸制方法，并在其基础上进行创新和调整。

项目概览

蒸，是将原料初步加工、调味后，盛于器皿中，放入蒸柜或蒸笼中，利用蒸汽传热蒸熟的烹调方法。蒸制菜肴的火候视其原料的性质和烹调要求不同而有所差异。

蒸的火候可分为猛火、中火、小火，根据原料的不同性质而选用火候。

①猛火：蒸汽猛烈，温度较高，适用于需要快速蒸熟的食材，如水产原料、胶馅类原料等。可以使成品色鲜、嫩滑或爽滑，有弹性，味鲜美。②中火：蒸汽充足，温度尚高，适用于体积较大或需要长时间蒸制的食材，如禽畜肉料。能使成品色泽鲜亮、口感嫩滑、味道鲜美。③小火：蒸汽较弱，温度较低，适用于需要长时间慢蒸的食材，如蛋类原料，能使成品色鲜、质滑。

粤菜常用的蒸法及其代表性菜品如下。

类别	概念	代表性菜品
平蒸	将原料平铺于碟中进行蒸制的方法	豉汁蒸排骨
排蒸	将两种或两种以上的有形原料整齐而有规律地摆彻在碟中蒸熟成菜的方法	麒麟鲈鱼
裹蒸	将原料用荷叶、蕉叶等包裹后，再蒸熟成菜的方法	荷香药膳鸡
扣蒸	将原料摆砌在扣碗内蒸熟，然后覆盖在碟上或汤窝内，原汁勾芡或调味后的原汤淋到菜肴上的方法	香芋扣肉

平蒸——豉汁蒸排骨

豉汁蒸排骨是一道经典粤菜，其颜色清亮，排骨既嫩又滑，还有特别的豆豉咸香味。豆豉是中国传统特色发酵豆制品调味料，是以大豆或黄豆为主要原料，蒸煮以后经发酵制成。豆豉的种类较多，按加工原料分为黑豆豉和黄豆豉；按口味可分为咸豆豉和淡豆豉。豆豉具有疏风解表、清热除烦、解毒等功效。

任务目标

素质目标

1.形成规范操作的安全意识和职业意识。
2.体验小组合作的快乐，增强团队合作意识和集体荣誉感。
3.树立安全卫生意识，养成良好行为习惯。

知识目标

1.理解平蒸的定义与特点。
2.了解平蒸的具体应用。

能力目标

掌握平蒸的工艺流程和操作要领。

任务实施

一、知识准备

将原料平铺于碟中进行蒸制的方法称为平蒸。

平蒸中的"平"字有以下两种解释：一是原料的造型特征是平铺造型；二是蒸法的属性是平常蒸法，是最常见的蒸法。

二、原料准备

用料参考		重量参考/g
主料	排骨	350
	豆豉	20
调辅料	陈皮	1
	蒜头	1.5
	姜	1
	小葱	1
	干葱	2
	生抽	5
	蚝油	5
	胡椒粉	1
	绍酒	10
	生粉	15
	盐	2
	白糖	2
	味精	1
	食用油	10

注：可根据具体教学内容调整用量。

三、工艺流程

豉汁蒸排骨
制作视频

①将排骨斩成宽约 2.5 cm 的块，洗净捞出，吸干水分备用。
②将干葱、蒜头、姜切末，陈皮切小粒，豆豉泡水切碎，小葱切段备用。

③将排骨和各种辅料盛于碗中，加入盐、白糖、味精、胡椒粉、生抽、蚝油、绍酒拌匀，需拌至起胶粘手，再放入生粉拌匀，最后拌入食用油，平铺于碟中，腌制 20 分钟。

④待蒸柜上汽，放入排骨蒸制 10 分钟取出，撒上热油、葱花即可。

四、技术要点

1. 排骨洗净后必须沥干水分。
2. 腌制排骨要遵循先调味，再加生粉，最后拌入食用油的顺序。

五、成品特点

味道鲜美，肉质香嫩，色泽红亮，具有豉汁风味。

相关知识

豉汁是豆豉酱汁的简称，是一种由豆豉（黄豆或黑豆发酵而成）和其他配料制成的调味料，广泛用于中式烹饪，在粤菜中十分常见。豉汁具有浓郁的香气和鲜美的滋味，能够为各种菜肴增添独特风味，豉汁不仅用于传统的蒸菜，也常用于小炒（例如，粤菜中的豉椒排骨、凉瓜炒牛肉等）。本文中的豉汁蒸排骨，只是简易做法的豉汁，在传统的粤菜制作中，豉汁所需的原料相当复杂，以下分享的配方及调制方法，可根据实际情况和个人口味进行调整。

原料：

阳江豆豉碎 500 g、干葱末 250 g、姜末 125 g、蒜末 225 g、干贝丝 25 g、陈皮末 25 g、红椒末 125 g、片糖 35 g、味精 35 g、鱼露 10 g、老抽 10 g、生抽 75 g、蚝油 10 g。

制作流程：

①豆豉白锅（指炒菜时无油下锅）炒香、炒干；干葱末、姜末、蒜末、干贝丝、红椒末下油锅炸至水分脱干，余油盛出备用。

②用炸制原料的油，小火炒制豆豉使其散发出香味，加入陈皮末以及所有调味料，待调味料混合后，加入炸制好的碎料，继续炒制片刻即可。

知行领航

平蒸法，将排骨平铺于碟，无一遗漏地接受蒸汽的滋养，这象征着公平与公正。排骨在蒸制中逐渐变熟，就像同学们在追求梦想的道路上一样，要稳扎稳打，不应急于求成，应以不懈的努力和坚持，逐步迈向成功，共同构建一个更加和谐、公正的社会。

六、任务评价

（一）评价指标

评价内容	评价标准	分值 / 分	学生自评	教师评价
操作手法	切原料时刀具使用规范；烹制时动作规范	20		
成品标准	肉质香嫩，色泽红亮	30		
成品味道	味道鲜美，具有豉汁风味	30		
卫生	操作时保持工位洁净；操作后工位干净整齐，工具清洗干净并摆放还原	20		
合计		100		

（二）小组互评

请选择您的满意指数（请在□内画√）	非常满意	满意	一般	不满意
排骨大小均匀，原料初步处理规范	□	□	□	□
肉质香嫩，色泽红亮	□	□	□	□
味道鲜美，具有豉汁风味	□	□	□	□
本菜品令您满意的地方				
本菜品您认为不足的地方				
本菜品您能接受的价格是	元 / 份			
意见和建议				

排蒸——麒麟鲈鱼

麒麟鲈鱼是一道以鲈鱼为主料的菜品，其制作过程是一门技术，更是一门艺术。此菜装盘讲究，几种配料切片拼配，犹如披甲麒麟，故取此名。麒麟是古代神话传说中的一种动物，形状像鹿，有角，全身有鳞甲。古人多用麒麟作为吉祥的象征，也借喻杰出的人才，因此在北京的故宫、颐和园等皇家宫殿的大门旁，都有麒麟镇守。麒麟鲈鱼这道菜，富含多种营养元素，其文化内涵，更是让人着迷。这道菜不仅体现了粤菜的精髓，也体现了广东人对食材的极致追求和对美食的热爱。在历史的长河中，麒麟鲈鱼成了粤菜饮食文化的一部分，见证了粤菜的变迁和发展。

任务目标

素质目标

1. 形成规范操作的安全意识和职业意识。
2. 体验小组合作的快乐，增强团队合作意识和集体荣誉感。
3. 树立安全卫生意识，养成良好行为习惯。

知识目标

1. 理解排蒸的定义与特点。
2. 了解排蒸的具体应用。

能力目标

掌握排蒸的工艺流程和操作要领。

任务实施

一、知识准备

将两种或两种以上的有形原料整齐而有规律地摆砌在碟中蒸熟成菜的方法称为排蒸。

排蒸的工艺流程有以下几个主要环节：①原料切改；②先腌制后摆砌；③蒸制；④滤出原汁；⑤淋芡。

Note

二、原料准备

用料参考		重量参考 /g
主料	鲈鱼	750
	郊菜	200
	熟瘦火腿	50
	湿冬菇	100
	笋肉	100
调辅料	鸡蛋	50（1个）
	姜	10
	麻油	0.5
	绍酒	10
	生粉	10
	盐	5
	味精	4
	葱	5
	食用油	50

注：可根据具体教学内容调整用量。

三、工艺流程

麒麟鲈鱼
制作视频

①将湿冬菇、笋肉分别焯水再滚煨。

②鲈鱼洗净后，取净鱼肉、鱼头、鱼尾；鱼肉去皮改成长方形厚片，用清水洗净，并吸干水分备用，郊菜改菜远（粤菜中对蔬菜特定部位的称呼，特指将根茎类蔬菜去除头尾后保留中间的嫩茎部分），火腿切片，笋肉切笋花，湿冬菇改刀切片，姜切姜花备用。

③鱼肉加入盐、味精拌匀起胶，再加入蛋清、生粉拌匀备用。鱼头、鱼尾用盐、味精、葱、姜

腌制后备用。

④将火腿、鱼肉、冬菇、笋花依序交错成鱼鳞形，在碟中分三排摆放，姜花放在表面，刷油。

⑤将鱼头、鱼尾盛放在另一个碟中，和装有鱼肉的碟分别放入蒸柜，用猛火蒸熟，取出倒去原汁，鱼头、鱼尾摆回鱼肉的碟中。

⑥烧锅下油，下郊菜，加入清水、盐煸炒至断生，分四行放在蒸好的鱼肉旁。

⑦烧锅下油，加入绍酒、清水、盐、味精，生粉勾芡，再加入麻油和匀，淋在鱼肉面上即可。

四、技术要点

1. 鱼肉改刀后，用水浸泡，吸干水分后再加入调料腌制入味，此操作可使鱼肉蒸熟后更加洁白。

2. 芡汁不宜过多。

五、成品特点

鱼肉厚度均匀，郊菜碧绿，色泽光亮，口感滑嫩，味道鲜美。

| 知行领航 |

　　排蒸法，不仅是烹饪技艺的展现，还向我们展示了在团队中应各司其职，如湿冬菇、熟瘦火腿、郊菜、笋肉与鲈鱼各得其所，共同构成美味佳肴，这正如团队中每个成员都应发挥专长，携手合作，才能共创辉煌。

六、任务评价

（一）评价指标

评价内容	评价标准	分值/分	学生自评	教师评价
操作手法	切原料时刀具使用规范；烹制时动作规范	20		
成品标准	鱼肉厚度均匀，郊菜碧绿，色泽光亮	30		
成品味道	口感滑嫩，味道鲜美	30		
卫生	操作时保持工位洁净；操作后工位干净整齐，工具清洗干净并摆放还原	20		
	合计	100		

（二）小组互评

请选择您的满意指数 （请在 □ 内画 √ ）	非常满意	满意	一般	不满意
鱼肉厚度均匀，郊菜碧绿	□	□	□	□
口感滑嫩，味道鲜美	□	□	□	□
芡汁光亮，不泄油、不泄芡	□	□	□	□
本菜品令您满意的地方				
本菜品您认为不足的地方				
本菜品您能接受的价格是	元 / 份			
意见和建议				

裹蒸——荷香药膳鸡

任务导入

荷香药膳鸡是一道融合了粤菜传统药膳食疗理念的特色美食。药膳食疗是我国传统医学的一个重要组成部分，其结合了中医学的理论和食疗的方法，通过食物和药材的合理搭配，达到强身健体、预防疾病、辅助治疗的目的。

任务目标

素质目标

1. 形成规范操作的安全意识和职业意识。
2. 体验小组合作的快乐，增强团队合作意识和集体荣誉感。
3. 树立安全卫生意识，养成良好行为习惯。

知识目标

1. 理解裹蒸的定义与特点。
2. 了解裹蒸的具体应用。

能力目标

掌握裹蒸的工艺流程和操作要领。

任务实施

一、知识准备

将原料用荷叶、蕉叶等包裹后，再蒸熟成菜的方法称为裹蒸。

裹蒸时外皮通常选用具有香味的植物叶子，如荷叶、干莲叶、竹叶、苹蒌叶、蕉叶、斑斓叶等。此蒸法的菜式蒸熟后便可直接上桌，具有浓厚的乡土气息。

二、原料准备

用料参考		重量参考 /g
主料	光鸡	400
	荷叶	100
	枸杞	5
	红枣	10
调辅料	葱	1.5
	姜	1.5
	盐	5
	麻油	0.5
	味精	2
	绍酒	5
	生粉	7
	胡椒粉	1
	白糖	6
	食用油	10

注：可根据具体教学内容调整用量。

三、工艺流程

荷香药膳鸡
制作视频

①将姜切成菱形片，葱切成段，红枣去核洗净，光鸡斩件，洗净后吸干水分。

②鸡块加入盐、白糖、麻油、味精、胡椒粉、绍酒拌匀后，再加入姜片、枸杞、红枣抓匀，最后放入生粉拌匀，淋上少许食用油。

③将洗净的荷叶剪成大小合适的方片，开水烫煮。

④荷叶刷上食用油，把拌好的原料平铺在荷叶上，包成方形。放入竹蒸笼内，用猛火蒸熟。

⑤将成品装盘。

四、技术要点

1.鸡块必须吸干水分后再腌制。

2.要用猛火蒸制。

五、成品特点

鸡块大小均匀，嫩滑有汁，带有淡淡的荷叶香，味道清鲜，色泽洁白。

| 知行领航 |

　　　药膳是中国传统文化的重要组成部分，雏形源于远古寻食中发现食物药用价值。药膳制作融合了中国传统的烹饪技艺，讲究色、香、味、形俱全。通过炖、煮、蒸、熬、炒等多种方法，将药物的功效与食物的美味巧妙结合，既满足了人们对美食的追求，又达到了养生保健的目的。药膳文化传承创新，体现坚守与创新的统一，启示文化传承之道。药膳作为中华瑰宝，承载历史文化智慧，了解药膳，能感受其文化魅力、增强自信、激发传承责任感，坚守民族文化根脉。

六、任务评价

（一）评价指标

评价内容	评价标准	分值/分	学生自评	教师评价
操作手法	切原料时刀具使用规范；烹制时动作规范	20		
成品标准	鸡块大小均匀，嫩滑有汁	30		
成品味道	带有淡淡的荷叶香，味道清鲜	30		
卫生	操作时保持工位洁净；操作后工位干净整齐，工具清洗干净并摆放还原	20		
合计		100		

（二）小组互评

请选择您的满意指数（请在□内画√）	非常满意	满意	一般	不满意
鸡块大小均匀，嫩滑有汁	□	□	□	□
带有淡淡的荷叶香，味道清鲜	□	□	□	□
鸡块色泽洁白	□	□	□	□
本菜品令您满意的地方				
本菜品您认为不足的地方				
本菜品您能接受的价格是	元/份			
意见和建议				

Note

扣蒸——香芋扣肉

任务导入

香芋扣肉，又称"中秋叠肉"，是两广地区（广东、广西）的传统名菜之一。这道菜以芋头和猪五花肉为主要原料，结合了水煮、油炸、过冷、蒸煮等技艺制作而成，具有增强人体免疫机制、滋补身体的功效。

任务目标

素质目标

1. 形成规范操作的安全意识和职业意识。
2. 体验小组制作的快乐，增强团队合作意识和集体荣誉感。
3. 树立安全卫生意识，养成良好行为习惯。

知识目标

1. 理解扣蒸的定义与特点。
2. 了解扣蒸的具体应用。

能力目标

掌握扣蒸的工艺流程和操作要领。

任务实施

一、知识准备

将原料摆砌在扣碗内蒸熟，然后覆盖在碟上或汤窝内，原汁勾芡或调味后的原汤淋到菜肴上的方法称为扣蒸。

扣蒸有以下两个特点：①圆包造型，整齐美观，色彩相间，鲜明悦目；②原料滋味相互融合，形成复合美味。

二、原料准备

用料参考		重量参考 /g
主料	带皮五花肉	750
	芋头	300
调辅料	生菜	250
	蒜	5
	姜	5
	白醋	10
	盐	5
	白糖	20
	味精	5
	生抽	10
	老抽	10
	蚝油	10
	腐乳	5
	南乳	10
	花生酱	5
	柱侯酱	5
	海鲜酱	5
	麦芽糖	20
	客家酿酒	10
	生粉	5
	食用油	2000（约耗 150）

注：可根据具体教学内容调整用量。

三、工艺流程

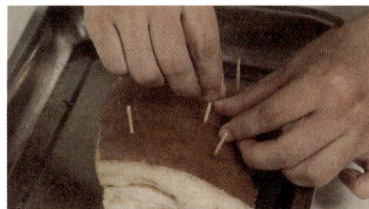

香芋扣肉
制作视频

①将带皮五花肉刮洗干净，加入清水、姜将五花肉煲煮至软腍，水中加入麦芽糖，继续煮制片刻，取出；用厨房纸擦干五花肉表面水分，在猪皮上抹匀白醋，再在猪皮上扎上密孔。

②大火热锅下油，待油烧至210～240℃，将五花肉皮朝下放入油中炸至表皮呈金黄色，捞出控油，用清水浸泡2小时至皮膨胀松软。

③将芋头去皮，切成6 cm×4 cm×1 cm的长方块，放入热油中炸至微带焦黄，捞起沥干油分。

④将蒜、姜切末，生菜洗净切好备用。

⑤将五花肉从水中捞起，沥干水分，切成6 cm×3 cm×0.8 cm的长方块，加入姜蓉、蒜蓉、客家酿酒、腐乳、南乳、花生酱、海鲜酱、柱侯酱、蚝油、生抽、盐、白糖、味精、清水拌匀。

⑥碗底刷油，肉块皮朝碗底，与香芋块相间地、整齐地码好放入碗内，将剩余的料汁倒入碗中，密封好，放入蒸柜蒸约60分钟取出；滤出原汁，将肉倒扣在碟中。

⑦生菜煸炒后围边。将原汁烧沸，加入生抽、老抽、蚝油调色，加生粉勾芡，包尾油（指菜肴上碟后在其表面淋上些许熟油，以增加其色泽），淋在扣肉表面即可。

四、技术要点

1. 五花肉要炸至表皮呈金黄色，浸泡直至皮膨胀松软方可。
2. 炸五花肉时必须注意安全，盖上锅盖，防止热油外溅。

五、成品特点

味道咸鲜，颜色酱红油亮，扣肉滑软醇香，肥而不腻，食之软烂。

相关知识

与香芋扣肉相似的荔浦扣肉（广西桂林名菜），其历史渊源可以追溯到清代嘉庆年间，广西桂北的厨师们将荔浦芋头与带皮五花肉相结合，制作出了这道特色名菜。荔浦扣肉不仅成为桂北一带居民婚嫁或节日宴席上必不可少的特色名菜，而且其制作技艺也体现了广西饮食文化的深厚底蕴。荔浦扣肉的主要材料包括桂林荔浦芋头、带皮五花肉、桂林腐乳等，通过油炸和蒸煮的烹饪方式，使得这道菜色泽金黄，芋片、肉片松软爽口，油而不腻，浓香四溢。此外，荔浦扣肉还具有清热祛火、滋润肤色的功能，可见其在满足味蕾的同时，也兼顾了健康养生的理念。荔浦扣肉的独特风味和健康功效，使其成为广西乃至其他地区备受喜爱的传统名菜之一。

知行领航

扣蒸之法，宛如人生的一种智慧启示。五花肉与香芋在扣碗中紧密结合，蒸制时相互渗透，恰似人际交往中的包容与协作，不同个体相互尊重、相互滋养，共同成就美好。我们在社会中要学会与他人和谐共处，懂得感恩，用真诚与善意去浇灌生活，让自己的人生更加丰富多彩，充满滋味。

六、任务评价

（一）评价指标

评价内容	评价标准	分值/分	学生自评	教师评价
操作手法	切原料时刀具使用规范；烹制时动作规范	20		
成品标准	造型美观，颜色酱红油亮	30		
成品味道	味道咸鲜，扣肉滑软醇香	30		
卫生	操作时保持工位洁净；操作后工位干净整齐，工具清洗干净并摆放还原	20		
合计		100		

（二）小组互评

请选择您的满意指数 （请在 □ 内画 √）	非常满意	满意	一般	不满意
造型美观，颜色酱红油亮	□	□	□	□
味道咸鲜，扣肉滑软醇香	□	□	□	□
成品色泽鲜艳，芡汁黏稠鲜美	□	□	□	□
本菜品令您满意的地方				
本菜品您认为不足的地方				
本菜品您能接受的价格是	元/份			
意见和建议				

项目小结

本项目主要介绍了烹调方法——蒸的概念、分类，以及不同蒸制方法对应的粤菜代表性菜品的具体工艺流程、技术要点、成品特点等。本项目的知识结构如下所示。

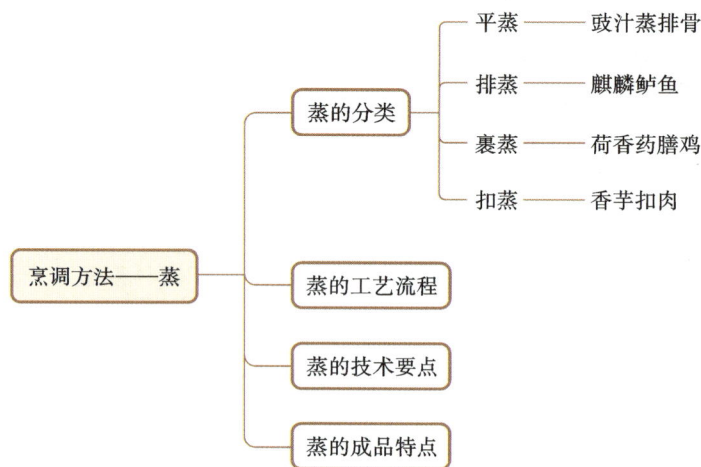

```
                                          平蒸 ——— 豉汁蒸排骨

                                          排蒸 ——— 麒麟鲈鱼
                            蒸的分类
                                          裹蒸 ——— 荷香药膳鸡

                                          扣蒸 ——— 香芋扣肉

        烹调方法——蒸        蒸的工艺流程

                            蒸的技术要点

                            蒸的成品特点
```

同步测试

一、选择题

1.可以做成汤菜的技法是（　　　）。

A.平蒸　　　　　　　B.裹蒸　　　　　　　C.扣蒸　　　　　　　D.排蒸

2.蒸鱼宜用（　　　）。

A.猛火　　　　　　　B.中火　　　　　　　C.小火　　　　　　　D.先中再猛

3."包裹的紧密度要一致，大小要均匀。"属于（　　　）的操作要领。

A.平蒸　　　　　　　B.包蒸　　　　　　　C.扣蒸　　　　　　　D.裹蒸

4.排蒸与扣蒸有相同之处，它们的相同点是（　　　）。

A.成菜都是热菜

B.都要求由动物原料作主料、植物原料作辅料

C.火候基本相同

D.以蛋液或牛奶（混合蛋清）为菜肴主体，运用技巧使液体原料凝结定型的方法

5.蒸的定义准确的是（　　　）。

A.原料经过调味后放在碟中用水蒸气加热至熟的方法称为蒸法

B.原料经过调味后放在碟中摆砌造型，用水蒸气加热蒸熟的方法称为蒸法

C.原料经过调味后放在碟中摆砌造型，用适当火候加热蒸熟的方法称为蒸法

D.原料经过调味后放在碟中用猛火加热蒸熟的方法称为蒸法

二、填空题

1.烹调方法——蒸分为平蒸、排蒸、＿＿＿＿＿＿、＿＿＿＿＿＿。

2.蒸鸡蛋羹时，要注意的事项有：蛋液搅拌均匀、＿＿＿＿＿＿。

3.蒸汽量的大小取决于蒸制的火力，可分为＿＿＿＿＿＿、＿＿＿＿＿＿、＿＿＿＿＿＿。

4.扣蒸有以下两个特点：①＿＿＿＿＿＿，整齐美观，色彩相间，鲜明悦目；②原料滋味＿＿＿＿＿＿，形成复合美味。

扫码看课件

项目目标

素质目标

1. 树立学生文化自信，增强其对粤菜美食文化的认识和自豪感。
2. 具备信息化素养和创新意识。

知识目标

1. 了解烹调方法——扒的饮食文化。
2. 熟悉扒的特点及分类，掌握扒的操作要求、注意事项。

能力目标

1. 掌握扒的技法，能制作至少 2 道扒菜肴。
2. 熟练掌握料扒、汁扒的技法，能制作至少 2 道料扒、汁扒菜肴。

项目概览

　　扒是一种烹调技法，它是将生料或蒸煮半成品放入其他调味品，加入汤汁后用小火烹至软脸，最后勾芡起锅。扒的菜式由底菜和面菜两部分组成，先放入碟中的称为底菜，后放入碟中的称为面菜。扒按面菜原料的属性可分为料扒和汁扒两种。粤菜常用的扒制法及其代表性菜品如下。

类别	概念	代表性菜品
料扒	烹熟成形的原料铺盖或围伴底菜的方法称为料扒法，简称料扒。料扒菜式口感层次分明、滋味丰富	香菇扒菜胆
汁扒	将味汁勾芡后淋在底菜上的方法称为汁扒法，简称汁扒。汁扒菜式通过味汁来体现其风味特点，因而选用恰当且优质的味汁是制作该类菜式的关键	蚝油扒生菜

料扒——香菇扒菜胆

→ **任务导入**

　　香菇扒菜胆是一道色香味俱佳的家常菜，以其简单易学和营养丰富的特点深受大众喜爱。香菇扒菜胆的主要食材包括鲜香菇和菜胆（通常使用上海青或油菜），通过巧妙的烹饪技巧，使得成品色泽诱人，口感鲜美。香菇肉质肥厚细嫩，味道鲜美，香气独特，营养丰富，富含多种氨基酸，是一种药食同源的食物，具有较高的营养、药用和保健价值。蔬菜可为人体提供所需的多种维生素和矿物质，具有改善肠道功能的功效。

→ **任务目标**

▶ **素质目标** ◀

1. 形成规范操作的安全意识和职业意识。
2. 体验小组合作的快乐，增强团队合作意识和集体荣誉感。
3. 树立安全卫生意识，养成良好行为习惯。

▶ **知识目标** ◀

1. 理解料扒的定义与特点。
2. 了解料扒的勾芡方式。
3. 了解料扒的具体应用。

▶ **能力目标** ◀

1. 掌握料扒的工艺流程和操作要领。
2. 掌握料扒的勾芡和调味方法。

→ **任务实施**

一、知识准备

1. 扒的定义

　　烹熟成形的原料铺盖或围伴底菜的方法称为料扒法，简称料扒。料扒菜式口感层次分明、滋味丰富。

2. 扒的工艺程序与工艺方法

（1）烹熟底菜，摆放于碟中。底菜的烹制方法根据原料而定。

（2）烹制面菜。

（3）把面菜铺盖在底菜之上或围伴底菜。

3. 操作要领

（1）原料形状要求整齐、均匀，便于造型。

（2）原料配色宜协调、和谐。

（3）底菜、面菜的烹制衔接要紧凑，以免菜肴失去香气。

（4）面菜的芡汁宜紧，便于铺放原料。

二、原料准备

用料参考		重量参考 /g
主料	香菇	150
	上海青	350
调辅料	猪油	75
	芡汤①	100
	二汤②	500
	生粉	10
	味精	4
	盐	1.5
	白糖	4
	生抽	1.5
	麻油	0.2
	绍酒	5
	胡椒粉	0.1
	蚝油	10
	蒜蓉	1.5
	葱	2
	姜	2

注：可根据具体教学内容调整用量。

---

①芡汤：在粤菜里，所谓的芡汤就是"味水"，是一种自制的复合调味汁。芡汤在兑制上，一般有两种，一是用开水（或凉开水）兑成，另一种是用上汤（或二汤）兑成。

②二汤：指"第二遍高汤"。在熬制高汤（如鸡汤、骨汤等）时，第一次熬出的汤味道浓郁，称为"头汤"；将食材加水再次熬煮得到的汤，味道相对清淡，就是"二汤"，常用于不需要突出浓味的菜肴调味。

三、工艺流程

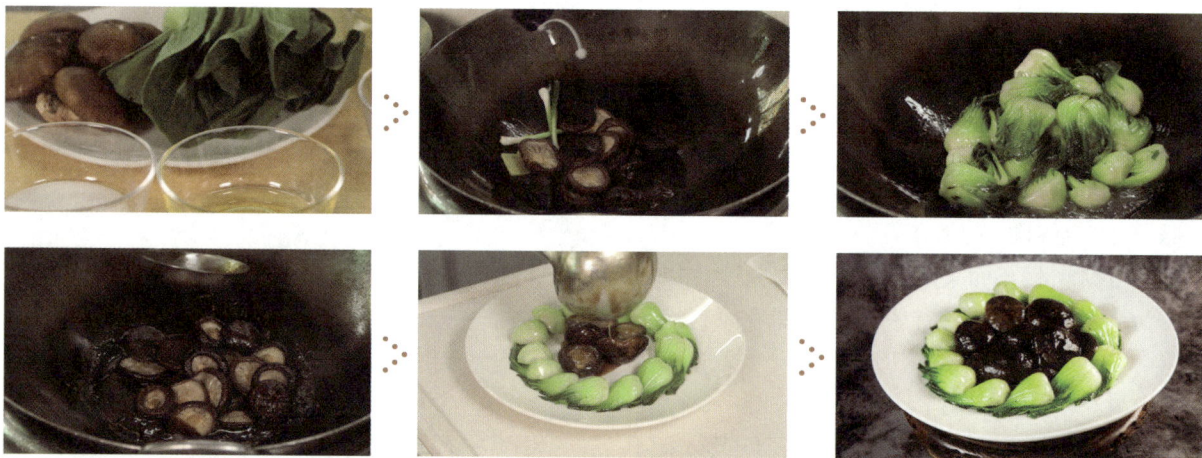

①香菇用热水泡发，将上海青修整为菜胆，香菇去蒂，葱切段，蒜切蓉，姜切片备用。

②香菇焯水，挤干水分，猛火热锅下猪油，加入葱、姜、蒜爆香，放入香菇，加入高汤、绍酒，然后进行调味、勾芡，加入尾油和匀。

③放入菜胆、二汤、盐煸炒至九成熟，倒入疏壳，压干水分。热锅下油放入菜胆，以芡汤、生粉勾芡，加尾油炒匀，倒入疏壳中滤去多余芡汁，然后整齐码在碟中。

④起锅加入二汤，加入味精、盐、生抽、白糖、麻油、胡椒粉、蚝油，以湿淀粉勾芡，下入煨制好的香菇，炒匀，扒在菜胆中间，淋汁。

四、技术要点

1. 烹制好菜胆后，必须滤净多余的芡汁再摆放于碟内，造型要整齐美观。

2. 烹制时，扒面原料的汤水不宜太多，而且要在收汁恰当时勾芡，所调芡汁要使扒面原料看上去含芡饱满且有光泽，还要有少量的芡汁滴在底菜的表面。

五、成品特点

色泽鲜明，有层次感，口感爽滑，味道香浓，紧汁亮芡。

相关知识

菜胆是粤菜对整棵菜除去老叶后，保持完整的嫩心的统称。例如上海青，其叶较短，干相对肥大如同勺子，扒去最外面的叶子，去茎干老皮并修剪便制作成菜胆了。传统粤菜按季节的不同使用的菜胆也不同，其包括生菜胆、芥菜胆、白菜胆、绍菜胆。

口感方面，菜胆极为鲜嫩爽口，几乎没有普通青菜的粗粝纤维感，入口脆嫩多汁。营养方面，菜胆富含多种维生素，如维生素C可增强免疫力、促进胶原蛋白合成；胡萝卜素能转化为维生素A，有利于保护视力与皮肤健康。同时，菜胆还含有钙、铁等物质，有助于骨骼强健与预防贫血。

烹饪时，菜胆的鲜嫩特性使其适配多种做法。可焯水后加蒜末清炒，突出其本味的清新；也能用于煲汤，为汤品增添一分清爽；还适宜与菇类等食材搭配，在丰富口感与营养的同时，展现出独特的味道与色泽，深受大众喜爱。

六、任务评价

（一）评价指标

评价内容	评价标准	分值/分	学生自评	教师评价
操作手法	切原料时刀具使用规范；烹制时动作规范	20		
成品标准	菜胆长度、粗细均匀，色泽鲜明，有层次感	30		
成品味道	口感爽滑，味道香浓	30		
卫生	操作时保持工位洁净；操作后工位干净整齐，工具清洗干净并摆放还原	20		
合计		100		

（二）小组互评

请选择您的满意指数（请在□内画√）	非常满意	满意	一般	不满意
菜胆长度、粗细均匀，色泽鲜明，有层次感	□	□	□	□
口感爽滑，味道香浓	□	□	□	□
紧汁亮芡，不泄芡、不泄油	□	□	□	□
本菜品令您满意的地方				
本菜品您认为不足的地方				
本菜品您能接受的价格是	元/份			
意见和建议				

汁扒——蚝油扒生菜

蚝油是以牡蛎为主要原料，通过蒸煮浓缩或酶解工艺提取鲜味物质，加入糖、盐、淀粉等辅料制成的棕褐色调味品。蚝油味道鲜美、蚝香浓郁，营养价值较高。

→ 任务目标

素质目标

1. 形成规范操作的安全意识和职业意识。
2. 体验小组合作的快乐，增强团队合作意识和集体荣誉感。
3. 树立安全卫生意识，养成良好行为习惯。

知识目标

1. 理解汁扒的定义与特点。
2. 了解汁扒的勾芡方式。
3. 了解汁扒的具体应用。

能力目标

掌握汁扒的工艺流程和操作要领。

→ 任务实施

一、知识准备

先将烹制好的底菜摆放整齐，然后将味汁勾芡后淋在底菜上的方法称为汁扒法，简称汁扒。汁扒菜式通过味汁来体现其风味特点，因而选用恰当且优质的味汁是制作该类菜式的关键。

汁扒有以下几个特点：①烹熟底菜，摆砌于碟中；②味汁下锅勾芡，浇于底菜之上，菜式要突出味汁的风味；③底菜摆砌要整齐。

二、原料准备

用料参考		重量参考/g
主料	生菜	200

Note

续表

用料参考		重量参考/g
调辅料	味精	3
	盐	2
	白糖	2.5
	麻油	0.5
	绍酒	5
	生粉	10
	蚝油	15
	胡椒粉	2
	芡汤	35
	二汤	500
	生抽	5
	蒜	2
	姜	2

注：可根据具体教学内容调整用量。

三、工艺流程

蚝油扒生菜
制作视频

①生菜修改整齐成菜胆备用。将盐、白糖、蚝油、生抽、清水等制成调味汁。

②猛火热锅下油，放入菜胆、二汤、盐，用猛火煸制菜胆至熟，倒入疏壳中滤去水分，然后整齐摆于碟中。

③烧锅下油，加入蒜、姜等爆香，加入绍酒、高汤、调味汁，然后进行勾芡，加入包尾油，最后淋在菜胆表面。

四、技术要点

1. 烹制好菜胆后，必须先滤净多余的芡汁，再摆放于碟中，造型要整齐美观。

2. 烹制时扒面汤水不宜过多，要在收汁恰当时勾芡。

3. 菜胆分层次摆放好，突出"扒"的菜式风格。

五、成品特点

味道咸鲜，色泽鲜明，菜胆爽嫩，蚝油风味突出。

烹调技法——扒，是一种将加工定形或整形的原料烹制成菜的技法。传统扒法难度较高，需将原料以整形入锅，加入适量汤水和调料，用中小火加热至熟透入味后勾芡，确保菜形不散不乱，保持原有的美观形态。

鉴于传统技法，部分厨师改进了加热与装盘方式。新式扒法可理解为：原料经焯水或拉油等初步热处理后，依据风味需求调制一定黏稠度的芡汁（或清汤）加入其中，再以小火烹制成菜。

此技法尤其适合不易入味、长时间加热不易变形，或本身筋道有韧性、经烹制后软烂香醇的原料。

| 知行领航 |

蚝油的起源可以追溯到19世纪末的广东珠海。当时，广东珠海南水镇的李锦裳在煮生蚝时，因忙碌而遗忘锅里的生蚝，待想起时，生蚝已煮干，锅底留下了一层浓稠的汁液。怀着好奇的心理，李锦裳尝了尝，没想到这"失误产物"竟鲜美无比。受此启发，经过反复改良，蚝油诞生了。

起初，蚝油只是广东沿海地区家庭和餐馆的"秘密武器"，在粤菜烹饪中崭露头角。如经典粤菜"蚝油牛肉"，鲜嫩的牛肉裹上蚝油的醇厚鲜香，口感层次瞬间丰富起来。在"蚝油扒生菜"这道菜中，蚝油的加入让生菜从平淡走向鲜美。20世纪初，食品工业的发展为蚝油带来了新的机遇。蚝油在工业化生产中产量大幅提升，生产工艺标准化且质量稳定，使其从广东走向全国，乃至全世界，成为中式烹饪的代表调味品之一。在这一过程中，蚝油也在不断"更新进化"。在传统制作工艺中，需用生蚝慢火熬煮、取汁、浓缩，再加入盐、糖、淀粉等辅料，工艺繁杂、耗时久。现代工业化生产，除保留传统熬制外，还引入酶解等先进技术，提升了生产效率与原料利用率。如今，在餐饮行业，大厨们用蚝油为各类菜肴提鲜增味；在家庭厨房中，无论是炒菜、凉拌、勾芡，还是制作蘸料、腌制食材，蚝油都能大显身手。

蚝油从偶然发现到全球流行，不仅是一种调料的发展历程，更见证了饮食文化的传承与创新。它诞生于一次打破常规的"失误"，印证了"危机中孕育机遇"的辩证思维；从家庭秘制到工业标准化，展现了传统工艺与现代科技"守正创新"的完美结合；从粤菜配角到全球餐桌的"鲜味使者"，体现了中华文化"各美其美，美美与共"的开放胸襟。这也启示当代青年，既要赓续精益求精的工匠精神，更要勇担文化创新的使命，让中国味道在传承与创新中香飘寰宇。

六、任务评价

（一）评价指标

评价内容	评价标准	分值／分	学生自评	教师评价
操作手法	切原料时刀具使用规范；烹制时动作规范	20		
成品标准	生菜大小均匀，菜胆碧绿，紧汁亮芡	30		
成品味道	味道咸鲜，色泽鲜明，菜胆爽嫩	30		
卫生	操作时保持工位洁净；操作后工位干净整齐，工具清洗干净并摆放还原	20		
合计		100		

（二）小组互评

请选择您的满意指数 （请在□内画√）	非常满意	满意	一般	不满意
生菜大小均匀，菜胆碧绿	□	□	□	□
味道咸鲜，色泽鲜明，菜胆爽嫩	□	□	□	□
紧汁亮芡，不泄芡、不泄油	□	□	□	□
本菜品令您满意的地方				
本菜品您认为不足的地方				
本菜品您能接受的价格是	元／份			
意见和建议				

项目小结

本项目主要介绍了烹调方法——扒的概念、分类，以及不同扒制方法对应的粤菜代表性菜品的具体工艺流程、技术要点、成品特点等。本项目的知识结构如下所示。

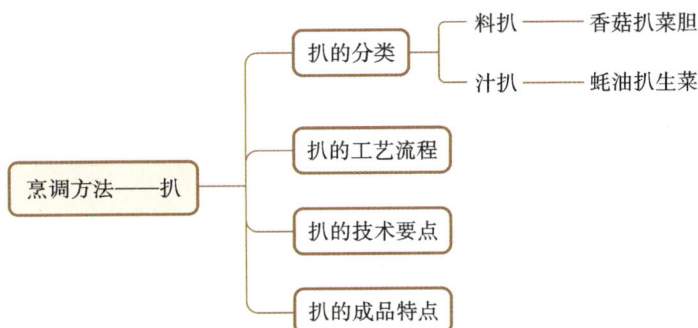

```
                              ┌─ 料扒 ── 香菇扒菜胆
                  ┌─ 扒的分类 ─┤
                  │           └─ 汁扒 ── 蚝油扒生菜
                  │
                  ├─ 扒的工艺流程
  烹调方法——扒 ─┤
                  ├─ 扒的技术要点
                  │
                  └─ 扒的成品特点
```

→ 同步测试

一、选择题

1. 以下关于扒的烹调方法说法错误的是（　　）。

A. 扒菜的芡汁属于厚芡

B. 扒菜选用的原料形状要整齐美观

C. 扒制菜肴大部分需要勾芡

D. 扒有红扒、白扒、鱼香扒、蚝油扒、鸡油扒等

2. 下列菜肴制作不属于料扒的是（　　）。

A. 鲜虾琼山豆腐　　　　B. 香菇扒菜胆　　　　　C. 蚝油扒生菜　　　　D. 鸡丝扒郊菜

3. 以下不属于扒法工艺特点的是（　　）。

A. 烹熟底菜，摆砌于碟中

B. 味汁下锅勾芡，浇于底菜之上

C. 猛火快炒，大火收汁

D. 原料配色协调、和谐

4. 以下关于汁扒说法不正确的是（　　）。

A. 将味汁勾芡后浇于底菜上的方法称为汁扒

B. 味汁下锅勾芡，浇于底菜之上

C. 将生食材在锅里直接炒熟，并与辅料混合炒匀成菜的方法

D. 必须选择恰当且优质的味汁，菜式要突出味汁的风味

5. 以下属于汁扒代表菜的是（　　）。

A. 太极护国菜　　　　B. 葱烧海参　　　　　C. 大良炒牛奶　　　　D. 鲍汁鹅掌

二、填空题

1. 烹调方法——扒按面菜原料的属性分为_____和_____两种。

2. "扒"菜从菜肴的造型来划分，分为_____和_____两种。

3. "扒"菜的芡汁属于_____，但是比薄芡要略浓、略少，一部分芡汁融合在原料里，一部分芡汁淋于盘中，光洁明亮。

4. 扒的菜式由_____和_____两部分组成，先放入碟中的称为底菜，后放入碟中的为面菜。底菜、面菜不是依主料、副料而分的。

5. 烹熟成形的原料铺盖或围伴底菜的方法称为_____。

项目五

烹调方法——焖

扫码看课件

项目目标

素质目标

1. 理解和尊重传统粤菜文化，促进地方特色菜肴和烹饪技艺的传承。
2. 激发学生对烹饪技艺的探索兴趣，培养学生创新思维和自主学习能力。

知识目标

1. 了解烹调方法焖的基本原理，以及在烹饪过程中的科学依据。
2. 能够阅读和理解焖制菜肴的菜谱，包括食材比例、调味品选择和火候要求等。

能力目标

1. 能够根据菜谱独立完成焖制菜肴，包括食材准备、调味、控制火候和时间。
2. 在掌握基本焖制方法的基础上，能够根据个人或大众的口味偏好进行创新和调整。

项目概览

将加工处理好的原料经过拉油、爆炒、炸或者煲熟后，加入一定量的汤水和调味品，加盖中火或中小火加热至腍软，再经勾芡而成菜的烹调方法称为焖。成菜形体完整，质地软嫩或腍软，鲜香味浓。

原料在焖制之前需要做不同的处理，焖制时需要加入一定量的汤水，运用水的柔性火候，使原料达到熟透、腍软的效果。柔性火候即用中小火加热，以较低的恒定热量，在水的作用下，向原料内部不断渗透，密封加热时原料中蛋白质变性、分解，溢出浓郁的香味，再与调味料充分融合渗透，形成浓厚、馥郁滋味。

粤菜常用的焖法及其代表性菜品如下所述。

类别	概念	代表性菜品
炸焖	将原料上粉炸熟后焖制的技法	蒜子焖鲗鱼
熟焖	将原料煲熟切件后焖熟的技法	萝卜焖牛腩
生焖	将原料经拉油或酱爆炒后焖熟的技法	咖喱薯仔焖鸡

炸焖——蒜子焖鮰鱼

蒜子焖鮰鱼是一道广东农家菜，主要原料是鮰鱼，其肉爽滑，味腴美。鮰鱼是一种可食用鱼类，主要品种为斑点叉尾鮰，形状和口感等方面都类似鲶鱼和塘虱鱼。鮰鱼肉厚少刺，肉嫩皮滑，肥美味浓，富含优质蛋白，能促进大脑发育，有增强免疫力、保护心血管健康等功效。

→ 任务目标

素质目标

1. 形成规范操作的安全意识和职业意识。
2. 体验小组合作的快乐，增强团队合作意识和集体荣誉感。
3. 树立安全卫生意识，养成良好行为习惯。

知识目标

1. 理解炸焖的定义与特点。
2. 了解炸焖的具体应用。

能力目标

掌握炸焖的工艺流程和操作要领。

→ 任务实施

一、知识准备

将原料上粉炸熟后再进行焖制的技法称为炸焖，此种技法可使食材外皮酥脆，内里酥软。

炸焖，也称红焖，原料以鱼类为主，可有配料。鱼一般经刀工斩成日字形厚件，拍上生粉，高油温（约 210 ℃）炸至金黄色。炸透后的鱼件加入汤水和调味料，加盖焖至鱼件软滑入味（俗称焖透），用生粉勾芡即可。由于炸鱼时吸水量大，易焖干，芡汁和尾油都应略多，因此汤水量要稍多，成品才会油亮、香滑。

二、原料准备

用料参考		重量参考 /g
主料	鲩鱼	400
	火腩	50
	冬菇	15
	蒜	50
调辅料	姜	2.5
	葱	10
	生抽	5
	老抽	4
	蚝油	10
	胡椒粉	0.2
	绍酒	15
	生粉	15
	盐	3
	白糖	2
	味精	2
	二汤	400
	食用油	1500（约耗 100）

注：可根据具体教学内容调整用量。

三、工艺流程

蒜子焖鲩鱼
制作视频

①将鲩鱼斩成日字形厚件（每件约 35 g），用清水洗净并吸干水分，用盐、味精、胡椒粉拌至起胶，加入生粉拌匀。

②将火腩、冬菇切件，姜切片，蒜去头尾，葱切段备用。

③猛火热锅下油，先将蒜炸至金黄捞出；再将鱼块逐件拍上生粉，待表面略"回潮"后，将鱼块逐件放入六成热的热油中，炸熟捞出，待油温升至七成热时，放入鱼块复炸至其表面酥脆，倒入笊篱滤油。

④锅中留底油，放入姜片、火腩件、冬菇件爆透（指将食材在高温油中迅速炸至外酥里嫩的过程），加入绍酒，下二汤、蒜，用盐、白糖、味精、生抽、蚝油、老抽、胡椒粉调味，加入鱼块略焖至入味，撒入葱段，勾芡，最后加入尾油，装盘即可。

四、技术要点

1. 鱼件规格不宜过大，腌制时只需入五成味。

2. 鱼块上粉要均匀，不可过早拍干粉，避免过度"回潮"。

3. 鱼块必须复炸，这样在焖制时，鱼块不易破碎且口感更加酥脆。

4. 焖制时间不宜过长。

5. 焖制时火候宜用中火，勾芡时要掌握好生粉的用量，并且要注意勾芡的手法，保持原料完整。

五、成品特点

香浓味鲜，外甘内滑，滋味浓郁，色泽红亮。

| 知行领航 |

"炸焖"的做法，蕴含着深刻的哲理。鲩鱼上粉炸熟，是面对挑战时的勇往直前，如同我们在困境中需坚定信念继续前行。随后的焖制，是耐心与沉淀，提醒我们在追求目标的道路上要持之以恒，不可急于求成。而蒜的加入，则意味着在生活中我们要善于借助外力，团结协作，以更好地应对困难。

六、任务评价

（一）评价指标

评价内容	评价标准	分值/分	学生自评	教师评价
操作手法	切原料时刀具使用规范；烹制时动作规范	20		
成品标准	香浓味鲜，色泽红亮	30		
成品味道	外甘内滑，滋味浓郁	30		
卫生	操作时保持工位洁净；操作后工位干净整齐，工具清洗干净并摆放还原	20		
	合计	100		

Note

（二）小组互评

请选择您的满意指数 （请在 □ 内画 √）	非常满意	满意	一般	不满意
鱼块大小均匀、色泽红亮	□	□	□	□
香浓味鲜，外甘内滑	□	□	□	□
芡汁匀亮，匀薄柔滑，垂而不泄	□	□	□	□
本菜品令您满意的地方				
本菜品您认为不足的地方				
本菜品您能接受的价格是	元 / 份			
意见和建议				

熟焖——萝卜焖牛腩

→ **任务导入**

　　萝卜焖牛腩是一道家喻户晓的粤菜佳肴。白萝卜作为这道菜的主要食材之一，具有清热化痰、生津止咳的功效；牛腩肉质鲜美，富含蛋白质和多种微量元素。两者巧妙结合，不仅味道鲜美，而且营养丰富，具有滋补养生、健脾开胃等功效。

任务目标

▶ **素质目标** ◀

　　1.形成规范操作的安全意识和职业意识。
　　2.体验小组合作的快乐，增强团队合作意识和集体荣誉感。
　　3.树立安全卫生意识，养成良好行为习惯。

▶ **知识目标** ◀

　　1.理解熟焖的定义与特点。
　　2.了解熟焖的具体应用。

▶ **能力目标** ◀

　　掌握熟焖的工艺流程和操作要领。

任务实施

一、知识准备

　　将经过初步处理的原料煲熟切件后焖制的技法称为熟焖。
　　熟焖的原料通常选用比较耐火或老韧的肉类，整块原料煲至合适腍度后取出切件，使用较多的蒜头、姜、蒜苗作为料头增加菜肴香味，也有特定的酱汁用于调味增香。猛火热锅下油，先将料头爆香，再放入肉料、酱汁一起爆透，攒酒，加入原汤后加盖焖至入味。该焖法与生爆酱焖法相似，不同的是熟焖只要将肉料煲至一定腍度后再切件焖，缩短焖制的时间，并使肉料更容易入味。同时使用煲肉料的原汤焖制，能保持原味，特别适用于一些老韧、耐火的肉类。

二、原料准备

用料参考		重量参考 /g
主料	熟牛腩	500
	白萝卜	300
调辅料	红椒	25
	青椒	25
	蒜	3
	姜	3
	盐	3
	陈皮	5
	八角	3
	柱侯酱	10
	海鲜酱	15
	绍酒	15
	味精	4
	白糖	7
	生抽	5
	蚝油	10
	食用油	20

注：可根据具体教学内容调整用量。

三、工艺流程

萝卜焖牛腩
制作视频

①将熟牛腩切块，白萝卜切菱形块。

②将青椒、红椒切件，姜切片，蒜切蒜蓉。

③锅中烧水，加入底味，将白萝卜略煨，连同味水盛装在碗里；牛腩焯水备用。

④猛火热锅下油，爆香蒜蓉、姜片，加入牛腩块、绍酒，慢火炒香，再加入柱侯酱、海鲜酱继续翻炒片刻至酱香味溢出，加入清水、陈皮、八角、盐、味精、白糖、生抽、蚝油，加盖，用中火焖至九成脸，加入白萝卜块调为小火继续焖至脸身即可。

⑤将成品装盘。

四、技术要点

1. 牛腩要煲脸后再斩件焖制。

2. 牛腩焖制脸度合适后，需改为小火收汁（俗称"收浆"）。

五、成品特点

肉质脸滑，肉香、酱香馥郁，味道甘香浓郁。

相关知识

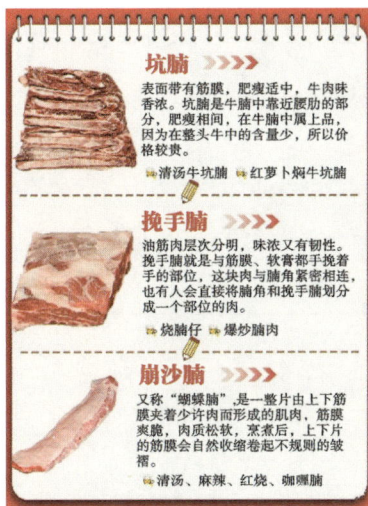

常见的六种牛腩

坑腩　挽手腩　崩沙腩

爽腩　　腩底

腩角

坑腩 ▶▶▶
表面带有筋膜，肥瘦适中，牛肉味香浓。坑腩是牛腩中靠近腰肋的部分，肥瘦相间，在牛腩中属上品，因为在整头牛中的含量少，所以价格较贵。
➡ 清汤牛坑腩　红萝卜焖牛坑腩

挽手腩 ▶▶▶
油筋肉层次分明，味浓又有韧性。挽手腩就是与筋膜、软膏都手挽着手的部位，这块肉与腩角紧密相连，也有人会直接将腩角和挽手腩划分成一个部位的肉。
➡ 烧腩仔　爆炒腩肉

崩沙腩 ▶▶▶
又称"蝴蝶腩"是一整片由上下筋膜夹着许许肉间而形成的肌肉，筋膜爽脆，肉质松软，烹煮后，上下片的筋膜会自然收缩卷起不规则的皱褶。
➡ 清汤、麻辣、红烧、咖喱腩

爽腩 ▶▶▶
由两层筋膜和脂肪包住，肉汁最甜，口感最软，较肥嫩，附Q弹的软胶质筋膜，带点筋道。位于牛的腹部，靠近牛的横膈膜，肥瘦适中，爽而不硬。
➡ 清汤腩　白切腩

腩底 ▶▶▶
连着坑腩近牛皮下的一块肉，又粗又韧，牛肉味浓，非常精瘦，需要长时间烹煮。吃起来比较脆韧，由于其肉质较厚，适合多下一些重口味调料来烹饪。
➡ 清汤、红烧、麻辣腩

腩角 ▶▶▶
有"胸口油"的爽脆口感，肥而不腻，位于爽腩和坑腩之间，分量很少，这块肉四周都是软胶质，嚼起来很有韧劲。
➡ 豆角炒腩肉

知行领航

　　熟焖的做法蕴含着深刻哲理。牛腩与白萝卜先煲至熟透，如同我们在生活中积累经验、奠定基础的过程，每一步都需要做到扎实、沉稳。而后切成件再焖熟，则是将所学所得融入实践，不断深化、提升自我。成长之路从来都没有捷径，绝非一朝一夕就能完成。在生活中，我们要不断学习新技能，时刻保持耐心与细心。每一次的积累，都是在为进步铺路；每一回的沉淀，都是在向更高处升华。

Note

六、任务评价

（一）评价指标

评价内容	评价标准	分值 / 分	学生自评	教师评价
操作手法	切原料时刀具使用规范；烹制时动作规范	20		
成品标准	牛腩大小均匀，色泽红亮	30		
成品味道	肉质脸滑，味道甘香浓郁	30		
卫生	操作时保持工位洁净；操作后工位干净整齐，工具清洗干净并摆放还原	20		
合计		100		

（二）小组互评

请选择您的满意指数 （请在 □ 内画 √）	非常满意	满意	一般	不满意
牛腩大小均匀，色泽红亮	□	□	□	□
肉质脸滑，味道甘香浓郁	□	□	□	□
汤汁光亮	□	□	□	□
本菜品令您满意的地方				
本菜品您认为不足的地方				
本菜品您能接受的价格是	元 / 份			
意见和建议				

生焖——咖喱薯仔焖鸡

→ 任务导入

咖喱薯仔焖鸡是一道具有浓郁异域风味的特色菜肴，其中的咖喱起源于印度，随后传播到南亚和东南亚国家。由多种香料混合而成的咖喱与鸡肉一同烹饪，不仅提升了食物的色泽和香味，减少了鸡肉的腥味，还可以促进胃液分泌，令人胃口大开。广东人因地制宜，制作出一道色微黄、味鲜美而带辛香的经典佳肴——咖喱薯仔焖鸡。这一创新不仅保留了咖喱原本的浓郁香味，还增添了粤菜特有的鲜香口感。总体来说，咖喱薯仔焖鸡之所以能成功演变成粤菜，得益于其与广东本地口味和烹饪技巧的完美结合，以及粤菜饮食文化的包容性和创新精神。这不仅促进了美食的传播，也丰富了粤菜的内涵。

→ 任务目标

▶ 素质目标 ◀

1. 形成规范操作的安全意识和职业意识。
2. 体验小组合作的快乐，增强团队合作意识和集体荣誉感。
3. 树立安全卫生意识，养成良好行为习惯。

▶ 知识目标 ◀

1. 理解生焖的定义与特点。
2. 了解生焖的具体应用。

▶ 能力目标 ◀

掌握生焖的工艺流程和操作要领。

→ 任务实施

一、知识准备

将原料经拉油或酱爆后在锅中直接焖熟的技法称为生焖。

生焖可分为拉油生焖和酱爆生焖。拉油生焖，常选用新鲜、嫩滑的肉料，老韧、耐火的肉料不宜采用此焖法；酱爆生焖，常选用肉味较浓、耐火或老韧的肉料，使用较多的料头，借此增加菜肴香味，并使用特定的酱汁调味增香。

二、原料准备

用料参考		重量参考 /g
主料	鸡	300
	薯仔（又称土豆）	200
调辅料	蒜蓉	2
	姜	2
	尖椒	40
	洋葱	20
	盐	3
	油咖喱（又称咖喱酱）	10
	味精	3
	绍酒	10
	生粉	7
	胡椒粉	0.1
	白糖	8
	椰浆	50
	三花淡奶	30
	食用油	1000（约耗 50）

注：可根据具体教学内容调整用量。

三、工艺流程

咖喱薯仔焖鸡
制作视频

①将鸡斩件，洗净吸干水分，加入盐、白糖、味精、胡椒粉、绍酒拌匀，再放入生粉拌匀，淋上少许食用油锁住水分，保持鲜嫩。

②将薯仔去皮切菱形件，尖椒、洋葱切件备用。

③将薯仔水煮至六成熟，捞起洗去表面多余淀粉，沥干水分，猛火烧油，待油温升至六成热，加入薯仔炸至金黄捞起备用；将鸡块拉油至三成熟，倒入笊篱滤油。

④锅中留底油，随即放入蒜蓉、姜片、椒件、洋葱件爆香，再放入鸡块和油咖喱炒香，加入清水、绍酒、盐、白糖、味精、椰浆、三花淡奶调味，加盖焖至熟，放入薯仔件，再略焖片刻，加入椒件和洋葱件，用生粉勾芡，下尾油。

⑤将成品装盘。

四、技术要点

1. 薯仔件炸制，下锅油温需达到180 ℃以上，外皮硬身后，油温逐步降低至150 ℃左右，浸炸至熟。

2. 现餐饮行业调味加椰浆、三花淡奶居多，不需要加蚝油，此做法是参考马来西亚、泰国等国家的做法，借此降低咖喱的辣度，同时使菜肴具有特殊的椰香味。

五、成品特点

鸡块大小均匀，肉质嫩滑，味道浓郁，芡匀且色泽金红、油亮，芡汁匀薄柔滑，垂而不泄。

| 知行领航 |

"生焖"的做法宛如人生路上的启示录。鸡肉与薯仔经拉油或酱爆，如同我们在成长中必经风雨；随后的焖熟过程，则像是在困境中沉淀自我、积累力量，最终实现蜕变。同学们在面对生活的挑战时，不要畏惧困难，应勇敢迎接，在经历中不断成长。同时也要学会在团队中相互支持，就如同咖喱、鸡肉与薯仔的完美融合，共同创造和谐美好的生活。

六、任务评价

（一）评价指标

评价内容	评价标准	分值 / 分	学生自评	教师评价
操作手法	切原料时刀具使用规范；烹制时动作规范	20		
成品标准	鸡块大小均匀，肉质嫩滑	30		
成品味道	味道浓郁，芡匀且色泽金红、油亮，芡汁匀薄柔滑，垂而不泄	30		
卫生	操作时保持工位洁净；操作后工位干净整齐，工具清洗干净并摆放还原	20		
合计		100		

Note

（二）小组互评

请选择您的满意指数 （请在 □ 内画 √）	非常满意	满意	一般	不满意
鸡块大小均匀，肉质嫩滑	□	□	□	□
味道浓郁，芡汁匀薄柔滑，垂而不泄	□	□	□	□
芡匀且色泽金红、油亮	□	□	□	□
本菜品令您满意的地方				
本菜品您认为不足的地方				
本菜品您能接受的价格是	元 / 份			
意见和建议				

项目小结

本项目主要介绍了烹调方法——焖的概念、分类，以及不同焖制方法对应的粤菜代表性菜品的具体工艺流程、技术要点、成品特点等。本项目的知识结构如下所示。

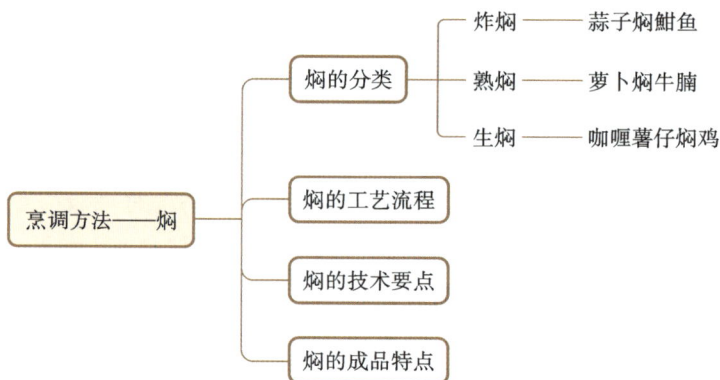

```
                                    ┌── 炸焖 ── 蒜子焖鲴鱼
                        ┌─ 焖的分类 ─┼── 熟焖 ── 萝卜焖牛腩
                        │           └── 生焖 ── 咖喱薯仔焖鸡
                        │
  烹调方法——焖 ─────────┼─ 焖的工艺流程
                        │
                        ├─ 焖的技术要点
                        │
                        └─ 焖的成品特点
```

同步测试

一、选择题

1. 根据焖前原料的生熟状态，焖法分为（　　　）方法。

A. 生焖、酱焖、熟焖和炸焖四种

B. 炸焖、熟焖和生焖三种

C. 泡油生焖、熟焖和炸焖三种

D. 泡油生焖、酱爆生焖和炸焖三种

2. 下列选项中不属于焖法操作特色的是（　　　）。

A. 焖好后一般应该勾芡

B. 烹制过程中要加盖用中火加热至软熟

C. 要加入老抽使菜品色泽红亮

D. 将碎件原料经油泡或爆炒、炸、煲熟

3. 炸焖的工艺流程是，"生料拌味→上粉→（ ）→焖制→勾芡→成品"。

A. 炸制半熟　　　　　B. 炸制仅熟　　　　　C. 炸制上色　　　　　D. 炸透

4. 由菇丝、姜丝、肉丝、蒜子、葱丝组成的是（ ）的料头。

A. 清蒸鲩鱼　　　　　B. 生焖鱼　　　　　C. 红焖鱼　　　　　D. 水浸大鲩鱼

5. 下列选项中关于生焖的表述，正确的是（ ）。

A. 酱爆时宜用中慢火爆炒，爆香后再下汤水焖制

B. 焖制时要加盖

C. 芡宜少，芡宜稍紧

D. 肉质软嫩的用油泡方法，肉质较韧的用酱料爆香后焖制

二、填空题

1. 生焖的原料在焖前一般要经过_____、_____的处理。

2. 焖是以_____和_____为传热介质的烹调技法。

3. 红焖鱼的肉料烹制前预制需要上粉，是_____。

4. 焖制菜肴具有汁浓、味厚、馥郁、_____、_____的特点。

5. 酱爆生焖法，选用_____、_____的肉料，使用较多的料头，借此增加菜肴香味，并使用特定的酱汁调味增香。

项目六

烹调方法——炒

扫码看课件

项目目标

素质目标

1. 树立文化自信，具有职业理想。
2. 具备信息化素养和创新意识。

知识目标

1. 了解烹调方法——炒的饮食文化。
2. 熟悉常见炒类粤菜品种的工艺流程。

能力目标

1. 掌握拉油炒、熟炒、生炒、软炒、清炒等技法概念与技术要点。
2. 熟练制作拉油炒、熟炒、生炒、软炒、清炒等技法对应的粤菜代表品种。

项目概览

炒是烹调中使用最广泛的一种方法，其主要是以油和锅为主要导热体，将小型原料通过猛火在短时间内加热成熟、调味成菜的一种烹调方法。其可分为拉油炒、熟炒、生炒、软炒、清炒等。粤菜常用的炒法及其代表性菜品如下。

类别	概念	代表性菜品
拉油炒	原料经拉油至断生后与辅料混合，猛火快速炒制成菜的方法	韭黄炒肉丝
熟炒	将熟原料与辅料混合炒匀成菜的方法	菜软炒叉烧
生炒	将生原料在锅里直接炒熟，并与辅料混合炒匀成菜的方法	潮菜炒爽肚
软炒	以蛋液或牛奶（混合蛋清）为菜肴主体，运用技巧使液体原料凝结定型的方法	滑蛋虾仁
清炒	运用煸炒、干煸等加热方式和直接调味的方式将植物性原料烹制成菜的方法	青椒土豆丝

拉油炒——韭黄炒肉丝

任务导入

在粤菜中，韭黄炒肉丝的历史文化深深植根于岭南的水土与烟火之中。岭南湿热的气候虽利于蔬菜生长，但古人仍以改良的遮光技法（用稻草、蔗渣等）培育出更显嫩黄清甜的韭黄。清代《广东新语》所称"冬月韭黄出，香美过常韭"，足见其早已是岭南珍贵的时鲜。这道菜的精髓，更与粤菜核心的"镬气"哲学密不可分——依托岭南盛产的花食用油和导热迅猛的广式铁锅，厨师运用"拉油炒"技法：先让肉丝滑油定型保持滑嫩，再以猛火速炒韭黄锁住脆甜，完美诠释粤菜对"鲜、嫩、爽"的极致追求。至近代，广州作为通商口岸，市井饮食繁荣，这道食材易得、做法快捷的小炒，凭借其镬气魅力，成为茶楼大排档中考验师傅火候功夫的经典"例牌菜"。而在民俗意涵中，韭黄的"黄"象征"黄金"，与肉丝搭配暗含"招财进宝"的祈愿。韭黄炒肉丝，既承载着岭南人对日常鲜味的匠心坚守，也透露出市井生活中鲜活而务实的智慧。

任务目标

素质目标

1. 形成规范操作的安全意识和职业意识。
2. 体验小组合作的快乐，增强团队合作意识和集体荣誉感。
3. 树立安全卫生意识，养成良好行为习惯。

知识目标

1. 理解拉油炒的定义与特点。
2. 了解拉油炒的勾芡方式。
3. 了解拉油炒的具体应用。

能力目标

1. 掌握拉油炒的工艺流程和操作要领。
2. 掌握碗芡和锅芡的调味方法。

任务实施

一、知识准备

原料经拉油至断生后与辅料混合，猛火快速炒制成菜的方法称为拉油炒。

拉油炒有以下几个特点：①由动植物原料组成；②肉料经拉油致熟；③原料体积细小；④用火较猛，成菜时间短；⑤成品味鲜、肉料滑嫩或脆嫩、"锅气"足、口感好、紧汁亮芡；⑥成品展示造型一般是主辅料混合堆叠成山形。

拉油炒的勾芡方式，大致可分为碗芡和锅芡两种。碗芡一般适用于没有带骨、薄而大的肉类，拉油时要将肉料拉至仅熟；而锅芡一般适用于带骨（鱼球类除外）、较厚而大的肉料，拉油时要将肉料拉至七成熟（不宜全熟，否则有损质量），随后放在锅中加汤，调味，略收水分，然后勾芡。

二、原料准备

用料参考		重量参考 /g
主料	里脊肉	150
	韭黄	200
调辅料	蒜头	1
	姜	1.5
	香菇	10
	芡汤	25
	麻油	1
	胡椒粉	1
	绍酒	10
	生粉	15
	盐	4
	白糖	3
	味精	3
	食用油	500（约耗 50）

注：可根据具体教学内容调整用量。

三、工艺流程

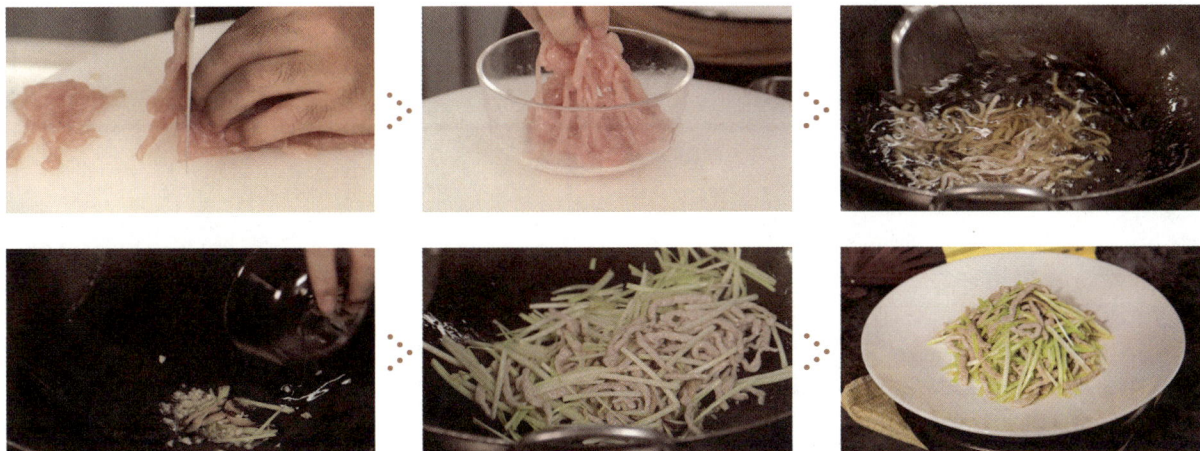

韭黄炒肉丝
制作视频

①将里脊肉切成中丝，放入盐、白糖、味精抓出浆，再加入生粉和食用油抓拌均匀，腌制备用。

②将韭黄洗净，切成 5 cm 的段（头、尾要分开摆放）；香菇、姜切丝，蒜头剁蓉。

③将盐、味精、白糖、芡汤、麻油、胡椒粉、生粉调成碗芡。

④猛火热锅下油搪锅，再下油烧至 100 ℃，放入肉丝拉油至变色，倒入笊篱滤干油分。

⑤猛火热锅下油，放入韭黄头加盐煸炒至四成熟，倒入笊篱滤干油分；吊锅（避火），随即放入姜丝、蒜蓉、香菇丝爆香，依次放入韭黄、肉丝，加入绍酒，下碗芡炒匀，下尾油。

⑥将成品装盘。

四、技术要点

1. 韭黄头、尾段下锅时间分开，韭黄头煸炒，韭黄尾勾芡前加入。

2. 肉丝拉油至八成熟即可。

3. 注意烹制时间，避免韭黄过熟。

在烹制菜肴时要做到心中有数，运用恰当。除此之外，还要掌握火候的运用和拉油的方法，两者都非常关键，如果处理不当，则会直接影响菜品质量。

五、成品特点

味道咸鲜，肉丝嫩滑，韭黄爽脆，"锅气"十足、紧汁亮芡。

相关知识

拉油方法的具体运用

①肾球（指鸡或鸭的肌胃）一般拉油的油温控制在 160～180 ℃之间，但不用吊锅（避火），并要迅速捞起。因为肾球是先焯水后拉油，肾球先焯水的主要目的是去除异味，使其花纹呈现，若不焯水就直接拉油，会导致肾球收缩、色泽欠佳，并伴有异味。②虾球是在 200～210 ℃油温中将虾球放入拉油至仅熟。特别要注意虾的大小，虾球也必然有大小之分，因此油温的高低需要根据不同情况灵活运用。③鲈鱼肉比较松散，一般是用 120～140 ℃油温将鲈鱼肉放入拉油至六成熟后，在锅中加汤调味烹至仅熟。凡是肾、肝、腰等内脏的肉料都要先焯水后拉油，因为这些肉料含有血水，如不先焯水后拉油，一则会使菜肴上碟后，肉料渗出血水，并伴有异味；二则会使肉质收缩，色泽不鲜明。

综上所述，要使肉类拉油后色泽鲜明，除了火候和油温运用恰当之外，还要在拉油前注意以下两个方面：①要将锅洗干净。②要烧热锅后用油搪锅，然后再下油（俗称猛锅阴油），待油温升到适合肉类拉油的要求时才进行拉油，放时应将肉料撒散下锅。如拉油时锅洗得不干净或锅烧得不够"红"，会造成肉料粘锅底的现象发生；如下肉料时不撒散下锅则会出现粘连成堆，外熟内生的现象。

六、任务评价

（一）评价指标

评价内容	评价标准	分值 / 分	学生自评	教师评价
操作手法	切原料时刀具使用规范；烹制时动作规范	20		

续表

评价内容	评价标准	分值/分	学生自评	教师评价
成品标准	肉丝长度粗细均匀、色泽洁白，韭黄脆嫩，紧汁亮芡	30		
成品味道	味道咸鲜，肉丝嫩滑，韭黄爽脆	30		
卫生	操作时保持工位洁净；操作后工位干净整齐，工具清洗干净并摆放还原	20		
合计		100		

（二）小组互评

请选择您的满意指数 （请在□内画√）	非常满意	满意	一般	不满意
肉丝长度粗细均匀、色泽洁白	□	□	□	□
味道咸鲜，肉丝嫩滑，韭黄脆嫩	□	□	□	□
紧汁亮芡，不泄芡、不泄油	□	□	□	□
本菜品令您满意的地方				
本菜品您认为不足的地方				
本菜品您能接受的价格是	元/份			
意见和建议				

熟炒——菜软炒叉烧

任务导入

叉烧最早被称为"插烧"，取其以叉子插着猪肉烧烤之意。据清代粤菜典籍《美味求真》记载，叉烧在清代已经成形，而蜜汁叉烧则是在清道光二十年（1840）左右出现。叉烧是广东传统名菜，属于粤菜系，是广东烧味的一种，其多呈红色，由瘦肉做成，略甜，以肉质软嫩多汁、色泽鲜明、香味四溢为最佳。

任务目标

素质目标

1.形成规范操作的安全意识和职业意识。
2.体验小组合作的快乐，增强团队合作意识和集体荣誉感。
3.树立安全卫生意识，养成良好行为习惯。

知识目标

1.理解熟炒的定义与特点。
2.了解熟炒的勾芡方式。
3.了解熟炒的具体应用。

能力目标

掌握熟炒的工艺流程和操作要领。

任务实施

一、知识准备

将熟原料与辅料混合炒匀成菜的方法称为熟炒。

熟炒有以下几个特点：①烹制简便快捷，适用范围广，效率高；②用料广泛，菜肴用料可名贵、可一般，水产类、畜禽类、干货类、时令瓜果蔬菜等原料均可使用；③味道可口，除具有原料本身鲜味、肉味外，同时具有粤菜甚为讲究的"锅气"。

二、原料准备

用料参考		重量参考 /g
主料	叉烧	200
	菜心	500
调辅料	蒜头	1
	姜	1.5
	芡汤	25
	麻油	0.5
	绍酒	5
	生粉	10
	味精	2
	盐	2
	白糖	2
	生抽	2
	蚝油	2
	胡椒粉	0.5
	食用油	500（约耗 30）

注：可根据具体教学内容调整用量。

三、工艺流程

菜软炒叉烧
制作视频

①将叉烧斜刀切成 0.2 cm 厚片；菜心改刀成菜软并浸泡在清水中。

②将姜切指片，蒜头剁蓉。

③将盐、味精、白糖、生抽、蚝油、胡椒粉、芡汤、麻油、生粉调成碗芡。

④猛火热锅下油，放入菜软加盐煸炒至熟，倒入笊篱滤干油分。

⑤猛火热锅下油搪锅，再下油烧至 150 ℃，倒入叉烧拉油回热后，再倒入笊篱滤干油分；吊锅

（避火），随即下姜片、蒜蓉爆香，依次加入菜软、叉烧、绍酒，下碗芡炒匀，下尾油。

⑥将成品装盘。

四、技术要点

1.菜软必须用清水浸泡，并注意焖炒火候，否则焖炒后影响卖相。

2.叉烧可提前清洗或焯水去除表面蜜汁、降低咸味。

3.叉烧拉油片刻至回热即可，避免拉油时间过长，造成叉烧肉口感干涩。

五、成品特点

味道咸鲜，甘香浓郁，菜软爽脆，"锅气"足，紧汁亮芡。

相关知识

　　熟肉料的情况较多，有些肉料有韧感，经初步熟处理至腍后可以用于炒，如鲍鱼、蚝豉等；有些肉料经特殊初步熟处理后再炒，会增加菜肴的特殊风味，如鱼松、虾丝、鱼丸、鱼青、黄鳝丝等；烧卤成品可以再用于炒，如烧鹅、烧鸭、卤味猪肝等。这些熟料的处理，不同性质会有不同的风味效果。熟炒法与拉油炒、生炒在操作方法、要求上相似，只是对肉料的处理有所不同，菜肴的风味也有所不同。

　　菜心主要可以加工成菜软与郊菜。①菜软，用剪刀剪去黄花及叶的尾端，在顶部顺叶柄斜剪出1～2段，每段长约7 cm，主要用于炒。②郊菜：剪法同菜软，但只剪一段，长约12 cm，用于扒、拌、围。

知行领航

　　在广东，有经验的厨师挑选菜心时，总是格外讲究。清晨带着露水的菜心，茎秆挺直、脆嫩新鲜，是厨师最心仪的选择。菜心买回来之后，还要对其进行处理加工：对于菜软，用剪刀剪去黄花及叶的尾端，在顶部顺叶柄斜剪出1～2段，每段长约7 cm，主要用于炒。对于郊菜，剪法同菜软，但只剪一段，长约12 cm，用于扒、拌、围。这些不仅体现了厨师对食材品质的追求，更是对粤菜传统的一种尊重。其实，做菜如做人，无论何时都要守住自己的原则，追求品质，不敷衍、不将就。就像叉烧的制作，肥瘦比例要恰到好处，才能让口感达到最佳。生活中也是如此，面对各种诱惑和挑战，我们需要学会平衡，找到属于自己的节奏，不偏不倚，才能在人生的道路上走得更加稳健。

六、任务评价

（一）评价指标

评价内容	评价标准	分值/分	学生自评	教师评价
操作手法	切原料时刀具使用规范；烹制时动作规范	20		
成品标准	叉烧片厚度均匀，紧汁亮芡	30		
成品味道	味道咸鲜，甘香浓郁，菜软爽脆	30		
卫生	操作时保持工位洁净；操作后工位干净整齐，工具清洗干净并摆放还原	20		
合计		100		

（二）小组互评

请选择您的满意指数 （请在□内画√）	非常满意	满意	一般	不满意
叉烧片厚度均匀，菜软碧绿	□	□	□	□
味道咸鲜，甘香浓郁，菜软爽脆	□	□	□	□
紧汁亮芡，不泄芡、不泄油	□	□	□	□
本菜品令您满意的地方				
本菜品您认为不足的地方				
本菜品您能接受的价格是	元/份			
意见和建议				

生炒——潮菜炒爽肚

潮菜炒爽肚是潮汕饮食文化中"腌鲜相融"智慧的典型体现。潮州咸菜始于明清，潮汕人利用当地盛产的芥菜，以海盐腌制发酵，制成酸香开胃的腌菜，既延长了食材保质期，又造就了独特风味，是家家户户"藏菜备食"的传统。猪肚作为常见动物内脏，潮汕厨师通过反复搓洗去除黏液、杂味后，再改花刀，使其受热后更显爽脆。猪肚与泡淡的咸菜同入热锅，以猪油旺火快炒，肚的脆嫩与咸菜的酸鲜形成奇妙平衡——咸菜消解了猪肚的厚重，猪肚又中和了咸菜的寡淡，完美契合潮汕饮食"清而不淡、鲜而不腥"的追求。这道菜从农家餐桌走向宴席，既承载着潮汕人应对物产的生存智慧，也彰显了"以简驭繁"的味觉哲学，成为潮菜中唤醒食欲的经典市井味。

→ 任务目标

素质目标

1. 形成规范操作的安全意识和职业意识。
2. 体验小组合作的快乐，增强团队合作意识和集体荣誉感。
3. 树立安全卫生意识，养成良好行为习惯。

知识目标

1. 理解生炒的定义与特点。
2. 了解生炒的具体应用。

能力目标

掌握生炒的工艺流程和操作要领。

→ 任务实施

一、知识准备

原料经过腌味后，直接放入锅内炒至仅熟，加入经初步熟处理的辅料混合炒匀而成菜的方法称为生炒。

生炒有以下几个特点：①由动植物原料组成；②原料直接下锅煸炒至熟，一锅成菜；③中火烹制；④成品"锅气"足、富含食材原本的味道。

生炒时要注意调味、汁（水分）及用油分量要恰当，火候掌握恰当，方法要适合，各种配料一起炒时，时间不可相距太久，此种烹调法适用于一般的经济小菜，常见于小食店或食堂。

二、原料准备

用料参考		重量参考 /g
主料	猪肚	200
	潮州咸菜	150
调辅料	青椒、红椒	10
	蒜	1.5
	姜	1.5
	芡汤	45
	麻油	0.5
	绍酒	5
	生粉	10
	生抽	2
	盐	2
	味精	2
	蚝油	5
	白糖	6
	胡椒粉	0.5
	食用油	500（约耗 70）

注：可根据具体教学内容调整用量。

三、工艺流程

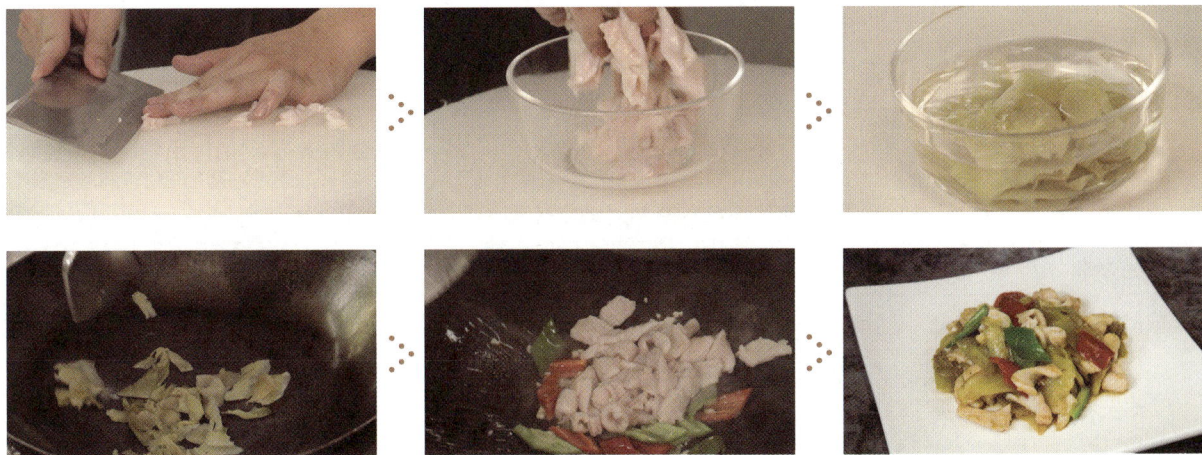

潮菜炒爽肚
制作视频

①将猪肚剞花刀，斜切成 0.2 cm 薄片，挤干水分，加入盐、白糖、味精、胡椒粉、生粉抓拌均匀备用。

Note

②潮州咸菜清洗干净，去叶留梗，斜切成片，浸泡清水至咸度合适，捞起挤干水分备用。

③将青椒、红椒切件，蒜剁蓉，姜切末。

④将盐、味精、白糖、蚝油、生抽、胡椒粉、芡汤、麻油、生粉调成碗芡。

⑤猛火热锅下油，放入咸菜加白糖煸炒至干香，倒入笊篱滤干油分。

⑥猪肚略焯水后洗净，沥干水分；猛火热锅下油，加入姜片、蒜末、青椒、红椒爆香，放入猪肚片、绍酒，快速炒至猪肚片转白，加入咸菜，下碗芡炒匀，下尾油。

⑦将成品装盘。

四、技术要点

1. 咸菜必须浸泡至合适咸度。

2. 肚片炒制要以中火偏猛为好，炒制时动作要迅速，控制好时间。

3. 芡汁不宜太多。

五、成品特点

味道咸酸，甘香浓郁，猪肚爽脆，芡汁明亮。

相关知识

生炒的肉料一般经腌入味（腌料多为盐、糖、味精、酒、生粉，也可用少许生抽），如要求嫩滑或爽脆，可用少许生粉拌匀后腌制约 20 min。先将辅料进行初步熟处理，即根据原料性质采用煸炒或滚的方法（与拉油炒法相同）。再重新热锅下少许油，放入肉料不断翻炒，使其受热均匀并至刚熟，一些较为厚大的肉料可以加少量汤水略煮。待肉料刚熟，放入已经熟处理的辅料，直接进行调味炒匀，用少许生粉打芡，下尾油即可。由于肉料是用少许油直接炒熟，因此，油量要适中，炒时火候不要太猛，要用锅铲将原料不断翻动，使其均匀受热而不至于焦煳，炒至肉料刚熟即可加入配料一起翻炒。动作要迅速利落，火候要掌握好，否则，菜肴质量难以达到要求。

六、任务评价

（一）评价指标

评价内容	评价标准	分值/分	学生自评	教师评价
操作手法	切原料时刀具使用规范；烹制时动作规范	20		
成品标准	肚片厚度大小均匀，芡汁明亮	30		
成品味道	味道咸酸，甘香浓郁，猪肚爽脆	30		
卫生	操作时保持工位洁净；操作后工位干净整齐，工具清洗干净并摆放还原	20		
合计		100		

（二）小组互评

请选择您的满意指数 （请在 □ 内画 √）	非常满意	满意	一般	不满意
肚片厚度大小均匀	□	□	□	□
味道咸酸，甘香浓郁，猪肚爽脆	□	□	□	□
芡汁明亮，不泄芡、不泄油	□	□	□	□
本菜品令您满意的地方				
本菜品您认为不足的地方				
本菜品您能接受的价格是	元 / 份			
意见和建议				

软炒——滑蛋虾仁

任务导入

滑蛋虾仁是一道广东地区的传统美食，主要食材包括鸡蛋、虾仁。这道菜以其鲜美的口感和丰富的营养价值而广受欢迎。鸡蛋几乎含有人体必需的营养物质，如蛋白质、脂肪、卵黄素、各种维生素和矿物质等。虾仁是一种高蛋白、低脂肪的优质食材，富含钙、镁、锌等。二者搭配具有增强免疫力、促进发育、保护视力等功效。

任务目标

素质目标

1. 形成规范操作的安全意识和职业意识。
2. 体验小组合作的快乐，增强团队合作意识和集体荣誉感。
3. 树立安全卫生意识，养成良好行为习惯。

知识目标

1. 理解软炒的定义与特点。
2. 了解软炒的具体应用。

能力目标

掌握软炒的工艺流程和操作要领。

任务实施

一、知识准备

以蛋液、牛奶等液体为主料，搭配无骨肉料或者细薄、脆嫩原料，运用火候及翻炒等动作技巧，使液体原料（主料）凝结至熟而制成柔软嫩滑菜肴的方法称为软炒法。

软炒有以下几个特点：①将蛋液或牛奶等液体原料炒至凝结；②需中火或中小火炒制；③保持原料原色；④成品清香、嫩滑或软滑，以鲜味为主，色泽清新。

炒滑蛋是最常见的炒蛋，其主料是鸡蛋，配料一般是较细嫩或脆嫩的无骨肉料或是蔬菜类原料，一般改刀成丝、片或粒。肉料要经初步熟处理后才与鸡蛋一起炒制。炒蛋需在加热前将蛋液、调味（如盐、味精）后再加入少许油一起搅打均匀，其目的是使炒出来的鸡蛋更香滑，炒制时也不易粘锅。炒滑蛋的关键是掌握好火候，如缺乏火候，又会造成部分蛋液未熟透而流出。炒制时用锅铲不断翻动，使蛋液受热均匀、熟度一致，反之炒出来的鸡蛋就不嫩滑。因此，掌握熟度是炒滑蛋重要的要领之一。

二、原料准备

用料参考		重量参考 /g
主料	鸡蛋	250
	虾仁	200
调辅料	葱	5
	蛋清	10
	麻油	0.5
	胡椒粉	0.5
	生粉	10
	盐	3
	味精	2
	食用油	500（约耗 100）

注：可根据具体教学内容调整用量。

三、工艺流程

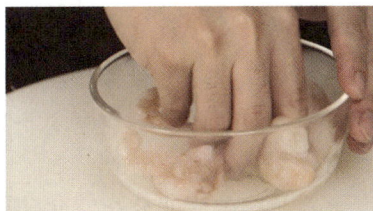  

滑蛋虾仁
制作视频

①将虾仁洗净吸干水分，加入盐、味精、蛋清腌制入味，再加入生粉拌匀备用。

②在蛋液中加入盐、味精、胡椒粉、麻油一并搅打均匀；葱切葱花备用。

③虾仁焯水后冲洗干净；烧锅下油，搪锅后，再下油烧至五成热，放入虾仁拉油至熟，倒入笊篱滤干油分，再与葱花一起放入调好的蛋液内搅拌均匀。

④中火烧锅，留底油，倒入蛋液，边炒边推，使虾仁包裹在蛋内，炒至刚凝结即可。

⑤将成品装盘。

Note

四、技术要点

1. 蛋液需在加热前（即打蛋时）调味。
2. 炒制时注意翻炒动作，避免虾仁无法包裹在蛋内。
3. 注意炒制时间，蛋液刚凝结，无蛋液流出即可。

五、成品特点

味道鲜美，色泽鲜艳，甘香软滑，虾仁爽嫩。

相关知识

　　软炒可分为炒蛋类和炒奶类。炒牛奶是一道将蛋清与水牛奶一起炒至刚熟凝结、既香又软滑的菜肴。炒牛奶的质量要求是凝结而软滑，洁白，堆成山形，奶香味浓。炒制时应注意以下几点：①水牛奶和蛋清要新鲜，按一定比例搭配（一般为3∶2），并加入适量的生粉；②用具必须干净卫生，无污渍黑点，使用清油（最好用猪油）；③猛锅阴油（指将锅烧至极热后加入少量油润锅并倒出多余油分，使锅壁均匀附着一层薄油的操作），油不宜过多，倒入的原料要拌匀，防止淀粉沉底；④火力不能过猛或过小，一般用中小火；⑤炒制时不能过多翻动，将凝结的部分逐个铲起，堆叠成块，翻动次数过多或方式不对都会影响成型；⑥水牛奶易抢火，底部会焦煳，起锅时要注意不能把焦煳的物质铲在洁白的奶中。综上所述，炒牛奶的技术要领较多，难度较大，容易失误。

知行领航

　　滑蛋虾仁这道菜不仅是一道美味的粤菜，更蕴含着丰富的文化内涵与美学智慧。当我们在制作这道菜时，可以从多个角度去观察和感受它的独特之处。从色彩搭配方面分析，金黄的蛋液包裹着粉嫩的虾仁，再点缀上翠绿的葱花，整体清新自然，宛如一件"色香味形俱佳"的艺术品。这种对食材本色的尊重与对美的追求，正是传统饮食文化中"食不厌精，脍不厌细"的体现。粤菜讲究"色香味形俱佳"，不仅是为了满足味蕾，更是为了让食物成为生活中的一种艺术享受。通过实践，我们不仅能学到烹饪技巧，还能在劳动中感悟传统文化的魅力，体会其中蕴含的文化与美学智慧，培养大家的审美能力与文化自信。

六、任务评价

（一）评价指标

评价内容	评价标准	分值／分	学生自评	教师评价
操作手法	切原料时刀具使用规范；烹制时动作规范	20		

续表

评价内容	评价标准	分值/分	学生自评	教师评价
成品标准	色泽鲜艳，明亮清新，无多余蛋液流出	30		
成品味道	味道鲜美，甘香软滑，虾仁爽嫩	30		
卫生	操作时保持工位洁净；操作后工位干净整齐，工具清洗干净并摆放还原	20		
合计		100		

（二）小组互评

请选择您的满意指数（请在□内画√）	非常满意	满意	一般	不满意
成品堆叠成山形，无多余蛋液流出	□	□	□	□
味道鲜美，甘香软滑，虾仁爽嫩	□	□	□	□
色泽鲜艳，明亮清新	□	□	□	□
本菜品令您满意的地方				
本菜品您认为不足的地方				
本菜品您能接受的价格是	元/份			
意见和建议				

清炒——青椒土豆丝

→ 任务导入

　　土豆含有丰富的蛋白质、维生素以及人体所需的多种氨基酸，被誉为"超级蔬菜"。土豆的蛋白质含量比大豆还高，最接近动物蛋白，且含有丰富的赖氨酸和色氨酸。土豆还富含钾、锌、铁等矿物质，对预防脑血管破裂有一定的作用。从热量和脂肪含量来看，土豆所产生的热量较低，如果将其作为主食，每日坚持有一餐只吃土豆，对减去多余脂肪相当有效。每周平均食用五至六个土豆，可以减少 40% 的中风危险，且没有任何副作用。土豆还具有和胃、调中、健脾、益气的作用，对胃溃疡、习惯性便秘、热咳及皮肤湿疹等也有治疗功效。青椒含有丰富的维生素及矿物质，有助于增强免疫力。

→ 任务目标

▶ 素质目标 ◀

1. 形成规范操作的安全意识和职业意识。
2. 体验小组合作的快乐，增强团队合作意识和集体荣誉感。
3. 树立安全卫生意识，养成良好行为习惯。

▶ 知识目标 ◀

1. 理解清炒的定义与特点。
2. 了解清炒的具体应用。

▶ 能力目标 ◀

掌握清炒的工艺流程和操作要领。

→ 任务实施

一、知识准备

　　通过煸炒、干煸等烹制方式，将蔬菜原料直接赋味而成菜的方法称为清炒。
　　清炒具有以下几个特点：①菜品原料只有蔬菜，没有肉料；②炒制时火候较猛，借此增加菜肴的"锅气"，同时减少营养损失、确保色泽鲜艳；③成品清爽脆嫩。

二、原料准备

用料参考		重量参考 /g
主料	土豆	300
	青椒	50
调辅料	蒜	5
	芡汤	25
	生粉	10
	麻油	0.5
	白糖	2
	盐	4
	味精	2
	食用油	500（约耗 30）

注：可根据具体教学内容调整用量。

三、工艺流程

青椒土豆丝
制作视频

①将土豆去皮洗净，切成 0.2 cm × 0.2 cm × 6 cm 的丝，浸泡在清水中。

②将青椒切丝、蒜剁蓉备用。

③将土豆丝反复清洗，至洗去多余淀粉。

④把盐、味精、白糖、芡汤、麻油、生粉调成碗芡。

⑤锅中加水烧开，加入盐、白糖、土豆丝和青椒丝焯水至断生，捞起过冷水，滤干水分备用。

⑥热锅下油，搪锅后留底油，爆香蒜蓉，放入土豆丝和青椒丝，下碗芡，快速翻炒均匀，包尾油即可。

⑦将成品装盘。

四、技术要点

1. 土豆丝要大小粗细均匀,烹制前必须浸泡在清水中,防止氧化,同时洗去土豆丝中多余的淀粉。

2. 土豆丝焯水至断生即可,否则会影响成品口感和卖相。

3. 土豆丝下锅后,立即下碗芡,快速翻炒,注意掌握炒制时间。

五、成品特点

色泽鲜艳,明亮清新,味道鲜美,口感爽脆。

| 知行领航 |

　　青椒土豆丝这道菜看似简单,其实背后有很多讲究,而这些讲究也蕴含着生活哲理。例如,切土豆丝要标准(0.2 cm×0.2 cm×6 cm)且均匀,这就像我们做事情一样,细节决定成败,每一步都需要认真对待。再如,土豆丝要洗净多余的淀粉,否则会影响口感,这提醒我们,无论是学习还是工作,都要学会"去杂质",保持专注和纯粹,才能走得更稳、走得更远。火候的掌握更是关键,火候不够,会使土豆丝生涩发黑;火候过了,又会影响土豆丝的脆度。这就好像我们在生活中面对机遇和挑战,既不能急躁冒进,也不能犹豫不决,而是要懂得把握时机,恰到好处地行动。最后,勾芡要合理,紧而薄的芡汁能让这道菜品更有光泽和口感更佳,这告诉我们,做事情要讲究方法,注重策略,才能事半功倍。我们要学会认真对待每一件小事,在复杂的环境中保持初心,在合适的时机做出正确的选择。

六、任务评价

(一)评价指标

评价内容	评价标准	分值 / 分	学生自评	教师评价
操作手法	切原料时刀具使用规范;烹制时动作规范	20		
成品标准	色泽鲜艳,明亮清新	30		
成品味道	味道鲜美,口感爽脆	30		
卫生	操作时保持工位洁净;操作后工位干净整齐,工具清洗干净并摆放还原	20		
合计		100		

（二）小组互评

请选择您的满意指数 （请在 □ 内画 √）	非常满意	满意	一般	不满意
成品堆叠成山形，无泄油、无泄芡	□	□	□	□
味道鲜美，口感爽脆	□	□	□	□
色泽鲜艳，明亮清新	□	□	□	□
本菜品令您满意的地方				
本菜品您认为不足的地方				
本菜品您能接受的价格是	元 / 份			
意见和建议				

项目小结

本项目主要介绍了烹调方法——炒的概念、分类，以及不同炒制方法对应的粤菜代表性菜品的具体工艺流程、技术要点、成品特点等。本项目的知识结构如下所示。

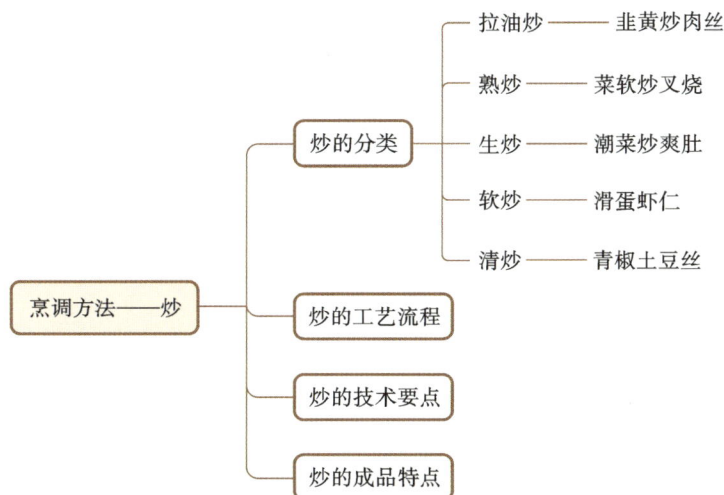

```
                                              ┌── 拉油炒 ——— 韭黄炒肉丝
                                              │
                                              ├── 熟炒 ——— 菜软炒叉烧
                                              │
                              ┌── 炒的分类 ────┼── 生炒 ——— 潮菜炒爽肚
                              │               │
                              │               ├── 软炒 ——— 滑蛋虾仁
                              │               │
                              │               └── 清炒 ——— 青椒土豆丝
  烹调方法——炒 ──────────────┤
                              ├── 炒的工艺流程
                              │
                              ├── 炒的技术要点
                              │
                              └── 炒的成品特点
```

同步测试

一、选择题

1. 以下关于炒的烹调方法说法错误的是（　　　）。
A. 炒制菜肴前一般需要猛锅阴油
B. 炒的技法常用于形状较小的原料
C. 炒制菜肴大部分需要勾芡
D. 由于炒的技法用猛火，为免烧焦，炒制过程中应加入适量的清水
2. 炒菜时油脂能防止原料（　　　）。

A. 不熟　　　　　　　　B. 生熟不均　　　　　　　C. 过火　　　　　　　　D. 粘在锅上

3. 以下不属于拉油炒的特点的是 (　　)。

A. 由动植物原料组成菜肴

B. 肉料经拉油致熟

C. 原料体积细小

D. 用火较猛，成菜时间较长

4. 以下关于生炒说法正确的是 (　　)。

A. 肉料经拉油至断生后，与辅料混合猛火快速炒制而成菜的方法

B. 将熟肉料与辅料混合炒匀成菜的方法

C. 将生肉料放入锅中直接炒熟，并与辅料混合炒匀成菜的方法

D. 以蛋液或牛奶（混合蛋清）为菜肴主体，运用烹饪技巧使液体原料凝结定型的方法

5. 以下属于软炒代表菜的是 (　　)。

A. 韭黄炒肉丝　　　　　B. 生炒菜心　　　　　　C. 滑蛋虾仁　　　　　　D. 煎蛋饼

二、填空题

1. 炒可分为拉油炒、熟炒、生炒、_____、_____五种炒法。

2. 拉油炒的勾芡方式，大致可分为_____和_____两种。

3. 运用煸炒、干煸等加热方式和直接调味方式将植物性原料烹制成菜的烹调方法是_____。

4. 原料经_____至断生后与辅料混合，_____成菜的方法为拉油炒。

5. 炒作为使用方法最广的烹调方法之一，它主要是以_____和_____为主要导热体，将小型原料通过_____在短时间内加热成熟、调味成菜的一种烹调方法。

項目七

烹调方法——炸

扫码看课件

项目目标

素质目标

1. 树立文化自信，具有职业理想。
2. 使学生具备信息化素养和创新意识。

知识目标

1. 了解烹调方法——炸的含义与特点。
2. 熟悉常见炸类粤菜品种的工艺流程。

能力目标

1. 掌握酥炸、吉列炸、脆皮炸、脆浆炸和纸包炸等技法概念与技术要点。
2. 熟练制作酥炸、吉列炸、脆皮炸、脆浆炸和纸包炸等技法对应的粤菜代表品种。

项目概览

　　以较多的油量、较高的油温对菜肴食材进行加热，使食材着色或达到香、酥、脆的质感，经调味而成一道热菜的方法称为炸法。炸制菜式品种众多、风味各异，具有以下共同特点。

　　（1）以较高的油温加热，菜肴具有外香、酥、脆而内嫩的滋味特色。

　　（2）色泽以金黄色、红色为主。

　　（3）味道以酸甜为主。

　　粤菜常用的炸烹调法及其代表性菜品如下。

类别	概念	代表性菜品
酥炸	将裹上酥炸粉的原料炸至酥脆的方法	菠萝咕噜肉
吉列炸	将裹上面包糠的原料炸至酥脆的方法	吉列海鲜卷
脆皮炸	将原料用白卤水浸熟后上脆皮糖水，晾干，放入油锅内炸至皮呈大红色且具有酥脆口感而成热菜的方法	脆皮炸乳鸽
脆浆炸	将原料挂上脆浆炸至酥脆而成热菜的方法	脆炸鱼条
纸包炸	用纸把腌制好或拌了味的原料包裹好，放进热油中炸熟成菜的方法	威化纸包鸡

酥炸——菠萝咕噜肉

菠萝咕噜肉又称咕噜肉，是广东的一道特色传统名菜。这道菜以猪肉和菠萝为主料，其富含优质蛋白、维生素、膳食纤维及矿物质等。

"咕噜"一词查实是轳辘的讹写，由于此道菜肴的外形如圆球一般，按广东人将圆球状物品称"圆轳辘"，即得轳辘一语，继而就有了"轳辘肉"的写法，相传最初有服务员在写菜单时忘记轳辘的写法，就用上同音字写成"咕噜"，之后厨师们觉得这种写法更让食客印象深刻，便约定俗成地沿用下来。

任务目标

素质目标

1. 形成规范操作的安全意识和职业意识。
2. 体验小组合作的快乐，增强团队合作意识和集体荣誉感。
3. 树立安全卫生意识，养成良好行为习惯。

知识目标

1. 理解酥炸的定义与特点。
2. 了解酥炸的勾芡方式。
3. 了解酥炸的具体应用。

能力目标

1. 掌握酥炸的工艺流程和操作要领。
2. 掌握酥炸油温的控制方法。

任务实施

一、知识准备

将裹上酥炸粉的原料炸至酥脆的方法称为酥炸。

酥炸有以下几个特点：①使用的是酥炸粉；②一般的投料油温在180 ℃；③可使用的原料范围较广；④成品色泽金黄，外酥、香，内鲜、嫩，调味方式较多。

Note

二、原料准备

用料参考		重量参考 /g
主料	五花肉	400
	菠萝	200
调辅料	鸡蛋	50（1个）
	青椒、红椒	30
	清水	50
	盐	15
	味精	5
	胡椒粉	0.5
	葱	10
	蒜	10
	生粉	20
	浙醋	15
	白糖	40
	番茄汁	100
	喼汁	10
	白醋	30

注：可根据具体教学内容调整用量。

三、工艺流程

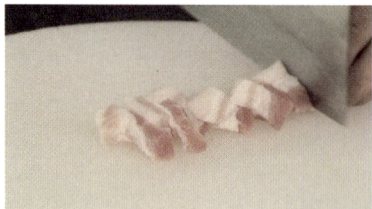

①将五花肉去皮切成 1 cm 见方的块，加入盐、白糖、味精、胡椒粉等腌制后，再加入生粉和蛋黄拌匀。菠萝切块，盐水浸泡。蒜剁蓉，青椒、红椒切成菱形方块，葱切段备用。

②碗中加入番茄汁、盐、白糖、清水、喼汁、白醋、浙醋调成糖醋汁，盛出备用。

③将处理好的肉块拍粉，待肉块表面略"回潮"时，起锅烧油，油温升至六成热，将肉块逐块下锅，炸至表面定型后，吊锅（避火），浸炸至熟，油温升至七成热，复炸至酥脆呈金黄色后捞出备用。

④锅中留底油，爆香切好的辣椒、蒜蓉，加入调好的糖醋汁，中火烧开勾薄芡，倒入肉块、菠萝迅速翻炒，使食材均匀包裹芡汁后，再加包尾油，起锅装盘即可。

四、技术要点

1. 五花肉块上粉后，需等表面稍微"回潮"后再炸制（可喷洒少许清水，加快回潮时间）。

2. 五花肉块炸制时，需注意油温控制，并及时进行复炸，保证肉块表面酥脆金黄。

3. 此菜式勾芡方式属于拌芡，需先在锅内调汁勾芡，再加入烹制好（一般为炸熟）的原料拌匀，挂芡，保持其酥脆。

五、成品特点

色泽金黄，外酥香，内鲜嫩，酸甜可口。

相关知识

生炒骨和咕噜肉相比，无论制作方法、味型都是一模一样，为什么前者不叫咕噜骨而叫生炒骨？

其实生炒骨在早期的确是叫咕噜骨。所谓"一斤肉出一斤汤"，早期各大酒家在熬制上汤之后会产生不少的汤渣，有部分商家会利用这些汤渣加水熬制"二汤"用于烹制不太名贵的肴馔，但有部分不良商家打上了这些汤渣的主意，以牟取更高的利润。当时咕噜肉是广州一道名馔，因其是用粉浆包裹炸成，食客在未吃之前是不知道其包裹的内容。不良商家正是利用这个漏洞，将熬制上汤时所剩下的猪排骨渣如法炮制，美其名曰"咕噜骨"来愚弄食客。由于咕噜肉（主要是肉酥脆而味酸甜的原因）深受食客欢迎，所以一度成为当地热门菜式之一。大约在1946年，一位知内幕又不想昧着良心做事的厨师向报社揭发了不良商家用汤渣做咕噜骨的事，令大众哗然。为了与不良商家划清界限，各大酒家纷纷证明自家所做的咕噜骨是用生排骨制作，后来干脆将咕噜骨改称为"生炒骨"以示清白。

知行领航

菠萝咕噜肉是一道承载着岭南饮食文化精髓的经典菜肴。金黄酥脆的外衣包裹着鲜嫩的里脊肉，酸甜适口的菠萝点缀其间，不仅展现了粤菜讲究色香味的烹饪理念，更体现了中华饮食文化中"五味调和"的哲学智慧。这道菜肴的制作过程蕴含着深刻的人生哲理，五花肉要经过腌制、裹粉等多道工序，正如人生需要经历磨炼才能成长；油温的控制考验着厨师的耐心与专注，提醒我们在追求目标时要懂得把握分寸；酸甜口味的调配展现了平衡的艺术，启发我们在生活中要善于协调各方关系。

Note

六、任务评价

（一）评价指标

评价内容	评价标准	分值 / 分	学生自评	教师评价
操作手法	切原料刀具使用规范；烹制时动作规范	20		
成品标准	肉圆大小均匀，紧汁亮芡	30		
成品味道	外酥香，内鲜嫩	30		
卫生	操作时保持工位洁净；操作后工位干净整齐，工具清洗干净并摆放还原	20		
合计		100		

（二）小组互评

请选择您的满意指数 （请在 □ 内画 √）	非常满意	满意	一般	不满意
切原料刀具使用规范；烹制时动作规范	□	□	□	□
肉圆大小均匀，紧汁亮芡	□	□	□	□
色泽金黄，外酥香，内鲜嫩	□	□	□	□
本菜品令您满意的地方				
本菜品您认为不足的地方				
本菜品您能接受的价格是	元 / 份			
意见和建议				

吉列炸——吉列海鲜卷

吉列海鲜卷是一道美味的海鲜菜肴，通常用虾仁、带子等海鲜，搭配蔬菜烹制而成。

粤菜涉及海鲜的菜肴都讲究食材新鲜，用粤语的说法就是生猛（意为鲜活），所以不管酒店或者路边摊位都把海鲜档做得很显眼，店里面养着各种活蹦乱跳的鱼、虾、蟹等，食客可以在海鲜档前现点、打捞、称重，部分海鲜菜肴可以在几分钟内上桌供食客品尝。

海鲜的种类很多，包括三文鱼、螃蟹、龙虾、鲍鱼、海参等，它们的营养非常丰富，如螃蟹含有大量的蛋白质、脂肪酸、钙离子等；三文鱼含有大量的维生素 A、不饱和脂肪酸、矿物质等；虾含有大量的磷离子、钾离子、锌离子和 B 族维生素等；扇贝中含有大量蛋白质。

→ 任务目标

素质目标

1. 形成规范操作的安全意识和职业意识。
2. 体验小组合作的快乐，增强团队合作意识和集体荣誉感。
3. 树立安全卫生意识，养成良好行为习惯。

知识目标

1. 理解吉列炸的定义与特点。
2. 了解吉列炸的勾芡方式。
3. 了解吉列炸的具体应用。

能力目标

掌握吉列炸的工艺流程和操作要领。

→ 任务实施

一、知识准备

将裹了面包糠的原料炸至酥脆的方法称为吉列炸。吉列炸与酥炸在烹饪方式上较为相似，而两者的主要区别体现在以下几个方面。①吉列炸的原料裹吉列粉，吉列粉以鸡蛋液、生粉、面包糠作为原料；酥炸的原料裹的是干生粉。②吉列炸用 150 ℃油温炸制；酥炸则是用 180 ℃油温炸制。③吉列炸的菜式，以喼汁、淮盐为佐料；酥炸的菜式调味方式较多。

二、原料准备

用料参考		重量参考 /g
主料	虾仁	100
	带子	100
	蟹柳	100
调辅料	笋	25
	香菇	25
	红萝卜	30
	西芹	15
	韭黄	20
	马蹄	20
	鸡蛋液	150
	面包糠	200
	威化纸	50
	盐	5
	生粉	50
	卡夫奇妙酱	150
	白糖	10
	味精	5
	胡椒粉	0.5

注：可根据具体教学内容调整用量。

三、工艺流程

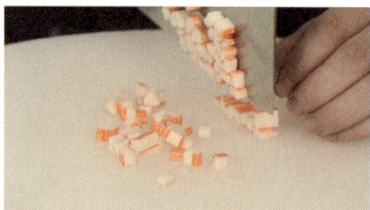

吉列海鲜卷
制作视频

①将虾仁、带子、蟹柳、红萝卜、马蹄、笋、西芹、香菇切小粒；韭黄切段备用。

②蔬菜原料（除韭黄外）与海鲜原料分别焯水，洗净，吸干水分备用。

③将所有材料混合后，加入盐、白糖、味精、胡椒粉、卡夫奇妙酱拌匀后，再加入韭黄段轻轻拌匀制成馅料。

④取一干净碟子，撒上少许生粉，用威化纸将馅料包成圆筒形的海鲜卷。

⑤将海鲜卷蘸蛋液后，裹上面包糠，放入150 ℃的热油中炸至酥脆，捞起沥油，将其摆盘后即可上桌（可搭配喼汁、淮盐为佐料）。

四、技术要点

1. 包制时，要将馅料收紧，两边收口尽量做到整齐美观，成品呈圆筒形。
2. 蘸蛋液时要均匀，不宜太厚，蛋液稀稠要根据原料而定。
3. 裹面包糠时，要稍微用力压紧。
4. 不能用甜面包做面包糠。

五、成品特点

色泽金黄，外酥里嫩，味道咸鲜，甘香浓郁。

相关知识

吉列炸法源自西方裹粉油炸工艺，19世纪中后期随中西交流传入中国，在粤菜体系中完成精妙蜕变。约1860年，潮州厨师率先将吉列炸法本土化：弃用西式肉类，改用潮汕鲜活海虾，以鱼露、白胡椒替代异域香料，经"淀粉—蛋液—面包糠"裹粉后炸制，成就外酥内嫩的"吉列虾"，成为技法落地的里程碑。

后来的粤菜厨师在此基础上进一步突破：将单一虾类拓展为虾仁、带子、蟹柳等多种海鲜组合，以威化纸包裹防漏，更创新性加入竹笋、马蹄等，用清爽中和油炸的厚重。这道海鲜卷既保留西方炸法的酥脆质感，又融入岭南"鲜为先"的调味哲学，成为茶楼经典，生动诠释了粤菜"中西合璧"的包容与创新。

知行领航

吉列海鲜卷的主要食材为海鲜，每一份海鲜都承载着大自然的馈赠与劳动者的辛勤付出，我们要培养珍惜资源、敬畏自然的意识。在制作步骤中，如同烹饪时各步骤需紧密配合，我们也应在小组协作中学会沟通交流、分工负责，强调团队合作，提升团队凝聚力与责任感。

Note

六、任务评价

（一）评价指标

评价内容	评价标准	分值/分	学生自评	教师评价
操作手法	切原料刀具使用规范；烹制时动作规范	20		
成品标准	海鲜卷大小均匀，造型完整	30		
成品味道	外酥里嫩，味道咸鲜，甘香浓郁	30		
卫生	操作时保持工位洁净；操作后工位干净整齐，工具清洗干净并摆放还原	20		
合计		100		

（二）小组互评

请选择您的满意指数 （请在 □ 内画 √）	非常满意	满意	一般	不满意
海鲜卷大小均匀，造型完整	□	□	□	□
外酥里嫩，味道咸鲜，甘香浓郁	□	□	□	□
摆盘优美，不泄油	□	□	□	□
本菜品令您满意的地方				
本菜品您认为不足的地方				
本菜品您能接受的价格是	元/份			
意见和建议				

脆皮炸——脆皮炸乳鸽

→ **任务导入**

脆皮乳鸽是广东的一道传统名菜，其具有皮脆肉嫩、色泽红亮、鲜香味美的特点，适当食用可强身健体，清肺顺气。随着菜品制作工艺的不断发展，脆皮乳鸽逐渐形成了熟炸、生炸和烤制三种主要制作方法。无论采用哪种制作方法，都是在鸽子经过挂脆皮水后再加工制成，成品外脆里嫩，色泽红亮，香气馥郁。

此菜式选用的是生长期在25天左右的雏鸽，其体型娇小，但胸肉饱满肥厚，具有肉质鲜香细嫩、营养丰富、易于消化等特点。最好选用每只净重在6～7两的乳鸽。

→ **任务目标**

〉 **素质目标** 〈

1. 形成规范操作的安全意识和职业意识。
2. 体验小组合作的快乐，增强团队合作意识和集体荣誉感。
3. 树立安全卫生意识，养成良好行为习惯。

〉 **知识目标** 〈

1. 理解脆皮炸的定义与特点。
2. 了解脆皮炸的具体应用。

〉 **能力目标** 〈

掌握脆皮炸的工艺流程和操作要领。

→ **任务实施**

一、知识准备

脆皮乳鸽能达到皮脆肉嫩、色泽红亮的效果，是利用脆皮水中各种成分在油炸时所产生的一系列理化反应得到的，其中蕴含着丰富的科学原理。①脆皮水中的麦芽糖含有还原糖，在油炸时发生焦糖化反应，颜色由金黄色到浅红色，再到深红色，加工适当就会获得理想的色泽及焦糖的香味。如果麦芽糖浓度过高（即其中的还原糖含量过高），就会在油炸时产生过多的焦糖，使颜色发黑，出现焦苦味；如果麦芽糖浓度过低（即还原糖的含量偏低），焦糖化反应不足，则难以得到皮脆色红的效果。②还原糖中的羰基（由碳和氧的原子构成）成分和白酒中丰富的氨基酸，通过高温产生羰氨反应（又称美拉德反应），也会使乳鸽的颜色加深。③糖在充分加热的情况下会发生脱水反应，尤其是在酸性环境中，脱水反应既迅速又彻底。此外，食粉作为一种疏松剂，具有膨胀性，能促使乳鸽表皮更好地吸附脆皮水，使乳鸽表皮脆嫩，起辅助作用。所以，乳鸽在油炸过程中，通过焦糖化反应及糖的脱水反应等综合反应，产生了皮脆色红的效果。

二、原料准备

用料参考		重量参考 /g
主料	乳鸽	500
调辅料	白卤水	1000
	脆皮水	500
	食用油	1000
	淮盐	10

注：可根据具体教学内容调整用量。

三、工艺流程

①将乳鸽外表、内脏等清理干净，去掉脚和腹腔多余油脂后，用 90 ℃左右的热水烫皮，过冷，擦干水分后用少许盐均匀涂抹乳鸽全身。

②将白卤水烧开，三起三落，把乳鸽浸至仅熟，擦干乳鸽的油和水，挂上脆皮水，风干表皮。

③将乳鸽的眼睛扎破，整只乳鸽放入 180 ℃的热油中炸至红色，取出。

④将乳鸽斩成件，佐以淮盐上菜即可。

四、技术要点

1. 将乳鸽内脏清理干净，去掉腹腔内多余油脂。

2. 将白卤水烧开，放入乳鸽后继续烧开，关火浸至仅熟，捞起乳鸽，并将乳鸽内外的油和水擦干，用烧腊钩钩起乳鸽，均匀挂上脆皮水，再挂起并风干表皮。

3. 猛火烧油，待油温升至 180 ℃，放入乳鸽将其炸至红色，取出。

4. 将乳鸽斩成件，佐以淮盐上菜即可。

五、成品特点

外脆里嫩、色泽红亮、香气馥郁、鲜香味美。

| 知行领航 |

对主要原料——乳鸽的选择与处理，如同我们在生活中的机遇选择与自身修养。我们要精心挑选，以严谨的态度对待每一个细节，就像在生活中要秉持真诚、负责的品质，为未来的发展打下坚实的基础。我们只有脚踏实地、不懈努力，才能更好地实现自身的价值。在烹饪环节，严谨把控火候、调料的搭配以及制作的步骤，是确保菜品美味的关键。这提醒我们，做任何事情都需要秉持认真负责的态度，注重细节，遵循规则。

六、任务评价

（一）评价指标

评价内容	评价标准	分值/分	学生自评	教师评价
操作手法	乳鸽处理干净，外形完整	20		
成品标准	外脆里嫩、色泽红亮	30		
成品味道	香气馥郁、鲜香味美	30		
卫生	操作时保持工位洁净；操作后工位干净整齐，工具清洗干净并摆放还原	20		
合计		100		

（二）小组互评

请选择您的满意指数（请在 □ 内画 √）	非常满意	满意	一般	不满意
乳鸽处理干净，外形完整	□	□	□	□
外脆里嫩、色泽红亮	□	□	□	□

续表

请选择您的满意指数 （请在 □ 内画 √）	非常满意	满意	一般	不满意
香气馥郁、鲜香味美	□	□	□	□
本菜品令您满意的地方				
本菜品您认为不足的地方				
本菜品您能接受的价格是	元 / 份			
意见和建议				

脆浆炸——脆炸鱼条

→ 任务导入

脆炸鱼条是一道广东地区的传统名菜，以其鲜美的口感和丰富的营养价值而广受欢迎。其通常以鱼肉（如草鱼、鲈鱼等）为主要原料，富含丰富的蛋白质、不饱和脂肪酸、维生素和矿物质等。适量食用可以为人体补充营养，提高抵抗力。

→ 任务目标

▶ 素质目标 ◀

1. 形成规范操作的安全意识和职业意识。
2. 体验小组合作的快乐，增强团队合作意识和集体荣誉感。
3. 树立安全卫生意识，养成良好行为习惯。

▶ 知识目标 ◀

1. 理解脆浆炸的定义与特点。
2. 了解脆浆炸的具体应用。

▶ 能力目标 ◀

掌握脆浆炸的工艺流程和操作要领。

→ 任务实施

一、知识准备

脆浆主要分为发粉脆浆和有种脆浆，发粉脆浆主要是由面粉、生粉、泡打粉、水、油脂调制而成；有种脆浆主要是由生粉、面粉、酵母、水、油脂调制而成。
脆浆炸制的菜肴具有色泽金黄、外形丰满圆润、口感酥嫩等特点。

二、原料准备

用料参考		重量参考 /g
主料	草鱼肉	500

续表

用料参考		重量参考/g
调辅料	低筋面粉	350
	生粉	120
	食用油	1000（约耗油100）
	泡打粉	25
	盐	10
	味精	5
	胡椒粉	0.5
	姜	3
	葱	3
	喼汁	5

注：可根据具体教学内容调整用量。

三、工艺流程

①将草鱼肉去骨，去皮，切成约6 cm长的条备用，姜切片，葱切段，加入盐、味精、胡椒粉腌制。

②调脆浆：将面粉、生粉、泡打粉、盐混合拌匀，加入适量清水，轻拌匀成粉浆，以明显挂壳为准，加入食用油拌匀，静置20 min。

③猛火烧锅下油，油烧至四至五成热时，取出腌制鱼条的姜片、葱段，取一碟子，放入生粉，让鱼条均匀裹上生粉，再裹上粉浆，浸炸至熟，稍升高油温复炸至表面金黄酥脆，捞起沥干油分，修剪多余边角后装盘即可（可配淮盐或喼汁同上）。

四、技术要点

1. 脆浆调制时手法要轻，否则易起筋，影响成品质量。
2. 炸制时油温不可过高，否则影响脆浆后续涨发。
3. 炸制时要观察食材颜色，掌握好油炸时的火候。

脆炸鱼条
制作视频

五、成品特点

色泽金黄，脆而松化，味道鲜美，外酥里鲜。

相关知识

　　脆浆是由面粉、生粉、泡打粉、清水、食用油调制而成，各种原料有各自的作用。

　　1.面粉

　　面粉的主要成分是碳水化合物、麦麸蛋白和麦胶蛋白（即面筋质），最常见的小麦面粉中碳水化合物占 70%～75%，麦胶蛋白和麦麸蛋白又构成了统称的"面筋"，一般面粉中面筋的含量为 10%～13%。由面筋质形成的面筋网络具有抵抗气体膨胀力、阻止气体逸出的特性，是脆浆持气的重要条件。在脆浆中主要利用这种特性，在高温加热时，由泡打粉产生的二氧化碳气体无法逸出，使面筋网络膨胀，脆浆发泡。

　　2.生粉

　　生粉按结构的不同分为直链生粉和支链生粉。生粉颗粒的外层是支链生粉，占总量的 80%～90%；内层是直链生粉，占总量的 10%～20%。生粉中支链生粉含量越高，黏性越大，糊化性能越好。在脆浆调制中应选择马铃薯粉或玉米粉，生粉在 60～80 ℃的温度下开始糊化，温度升高到 100 ℃以上时则开始焦化，与面粉中的面筋网络一起定型。

　　3.泡打粉

　　泡打粉的主要成分包括碱性物质（如碳酸氢钠）、酸性物质（如焦磷酸二氢钠）及填充剂。加热后碱性物质和酸性物质产生反应释放二氧化碳气体，并被脆浆中的面筋网络所包围，使脆浆内部结构形成均匀致密的多孔性，从而达到膨胀疏松的目的。

知行领航

　　脆炸鱼条的脆浆调制，需严格按照配比去调配，书中的配比是老师傅们经过反复试验调配出来的，粉浆的精准度和调制手法，都对菜品的成败起着决定性作用。我们在学习此菜肴的制作过程，要学习并体会"差之毫厘，谬以千里"的匠心理念。不管在学习过程中还是在生活中，都要以细心严谨的态度去面对一切事物。

六、任务评价

（一）评价指标

评价内容	评价标准	分值/分	学生自评	教师评价
操作手法	切原料刀具使用规范；烹制时动作规范	20		
成品标准	色泽金黄，脆而松化	30		

续表

评价内容	评价标准	分值/分	学生自评	教师评价
成品味道	味道鲜美，外酥里鲜	30		
卫生	操作时保持工位洁净；操作后工位干净整齐，工具清洗干净并摆放还原	20		
合计		100		

（二）小组互评

请选择您的满意指数 （请在 □ 内画 √）	非常满意	满意	一般	不满意
成品色泽金黄，脆而松化	□	□	□	□
味道鲜美，外酥里鲜	□	□	□	□
鱼条大小均匀，不泄油	□	□	□	□
本菜品令您满意的地方				
本菜品您认为不足的地方				
本菜品您能接受的价格是	元/份			
意见和建议				

纸包炸——威化纸包鸡

→ 任务导入

威化纸包鸡的历史可以追溯到西汉南越王时期，至少有 2200 年的历史。相传，公元前 203 年，赵佗建立南越国，并以纸包鸡作为南越王宴的主菜。公元前 202 年，刘邦称帝，建立西汉王朝，赵佗以纸包鸡作为贡品献给刘邦，刘邦品尝后赞赏有加，诏封赵佗为南越王。

纸包鸡的鸡肉鲜嫩多汁、入口即化。与普通烤鸡或炖鸡相比，纸包鸡在保留鸡肉鲜嫩的同时，更好地锁住了酱汁的美味，每一口都充满浓郁的香气和丰富的层次感。

→ 任务目标

▌ 素质目标 ▌

1. 形成规范操作的安全意识和职业意识。
2. 体验小组合作的快乐，增强团队合作意识和集体荣誉感。
3. 树立安全卫生意识，养成良好行为习惯。

▌ 知识目标 ▌

1. 理解纸包炸的定义与特点。
2. 了解纸包炸的具体应用。

▌ 能力目标 ▌

掌握纸包炸的工艺流程和操作要领。

→ 任务实施

一、知识准备

威化纸也称糯米纸，是一种可食用的淀粉纸，白色，无味，主要用于酒店餐厅煎炸包裹馅料，制作点心包裹，替代淀粉浆包裹，增进食物口感。

威化纸包鸡的做法多样，其中比较传统的做法如下。

1. 鸡胸肉切成 4 cm×2 cm 的薄片 10 片，加盐、味精、生抽、胡椒粉拌匀，腌制 30 min，香菇泡软去蒂后切成 10 小片，姜切成薄片 10 片；葱切成 10 小段。

2. 鸡胸肉放入开水中烫至五分熟，捞起沥干水分后，加入白糖、生粉搅拌均匀。

3. 摊开糯米纸，在 1/3 处折叠后，放上鸡胸肉、香菇、葱各 1 片，再将左右两边折入，卷成

6 cm × 2 cm 的长条形，备用。

4. 炒锅中倒入食用油约 300 g，烧至六成热，将纸包鸡以中火炸至熟，即可出锅装盘。

二、原料准备

用料参考		重量参考 /g
主料	鸡胸肉	250
调辅料	芫荽	20
	香菇（泡发）	50
	姜	10
	葱	15
	食用油	1000（约耗油 100）
	盐	5
	味精	2
	五香粉	1
	胡椒粉	1
	白糖	3
	生粉	50
	生抽	5
	蛋液	50

注：可根据具体教学内容调整用量。

三、工艺流程

①鸡胸肉去除多余筋膜，再用平刀法将鸡胸肉切成长条形备用，切少许葱、姜并加入绍酒拌匀腌制 30 min 左右，挑出葱、姜。

②将香菇去蒂切条，芫荽切段备用，在鸡肉中放入香菇条、生抽、五香粉、胡椒粉等抓拌入味，最后倒入生粉水拌匀。

③取一干净碟子，撒上一层生粉，在威化纸上放上鸡肉、香菇条、芫荽段，并裹成长方形，最后用蛋液封口。

④起锅烧油至四成热，将步骤3完成后的食材放入锅中浸炸至熟，捞出沥油，装碟即可。

四、技术要点

1. 原料腌制或拌味后不应有汁液。
2. 包裹的动作要利索，要求不露馅。
3. 包裹后必须放在有干生粉铺垫的碟子上，不能堆叠，即包即炸。

五、成品特点

色泽浅黄，外酥里香，肉香且滑嫩、不油腻，味道鲜美。

相关知识

传统的纸包鸡使用玉扣纸进行包裹，但随着时代的发展，制作技艺不断演进，威化纸逐渐取代了玉扣纸，成为纸包鸡的新选择。威化纸具有薄而韧的特点，能够更好地锁住鸡肉及调辅料的味道，同时使菜品在炸制过程中更加酥脆。威化纸包鸡在保留传统纸包鸡制作工艺的基础上，对食材和制作方法进行了创新。在包制过程中，威化纸的使用也更加注重细节和技巧，以确保菜品在炸制过程中不破裂、不露馅。借其独特的口感和制作工艺，赢得了广大消费者的认可。无论是在家庭聚餐、朋友聚会还是商务宴请等场合，威化纸包鸡都是一道备受欢迎的佳肴。

知行领航

不同的食材在炸制前后，营养成分会发生不同的变化，选择合适的食材进行搭配，最大程度地避免营养素流失，保证菜肴营养均衡。还要注意炸制过程中的食品安全问题，如油的品质选择、使用次数、食材的新鲜度等。关注饮食健康，对自己和他人的健康负责，培养健康的生活习惯和饮食观念。同时，增强严格遵守食品安全法规和职业道德的意识，确保为消费者提供安全、卫生的食品。

六、任务评价

（一）评价指标

评价内容	评价标准	分值 / 分	学生自评	教师评价
操作手法	切原料刀具使用规范；烹制时动作规范	20		
成品标准	色泽浅黄，外酥里香	30		
成品味道	肉香且滑嫩、不油腻，味道鲜美	30		

续表

评价内容	评价标准	分值/分	学生自评	教师评价
卫生	操作时保持工位洁净；操作后工位干净整齐，工具清洗干净并摆放还原	20		
合计		100		

（二）小组互评

请选择您的满意指数 （请在□内画√）	非常满意	满意	一般	不满意
色泽浅黄，外酥里香	□	□	□	□
肉香且滑嫩、不油腻，味道鲜美	□	□	□	□
造型完整，不泄油	□	□	□	□
本菜品令您满意的地方				
本菜品您认为不足的地方				
本菜品您能接受的价格是	元/份			
意见和建议				

项目小结

本项目主要介绍了烹调方法——炸的概念、分类，以及不同炒制方法对应的粤菜代表性菜品的具体工艺流程、技术要点、成品特点等。本项目的知识结构如下所示。

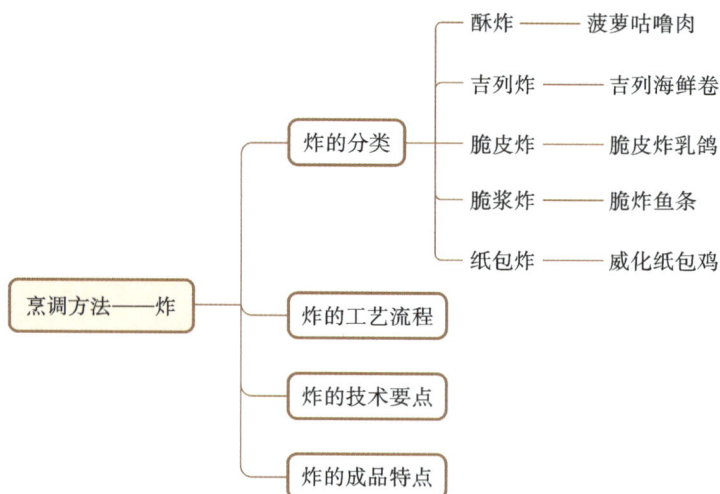

```
                               ┌─ 酥炸 ——— 菠萝咕噜肉
                               ├─ 吉列炸 —— 吉列海鲜卷
                       ┌ 炸的分类 ─┼─ 脆皮炸 —— 脆皮炸乳鸽
                       │           ├─ 脆浆炸 —— 脆炸鱼条
                       │           └─ 纸包炸 —— 威化纸包鸡
  烹调方法——炸 ─┼ 炸的工艺流程
                       ├ 炸的技术要点
                       └ 炸的成品特点
```

同步测试

一、选择题

1.以下关于烹调方法——炸的说法正确的是（　　）。

A. 火力旺，用油量少

B. 原料必须挂糊才能炸

C. 炸制菜肴大部分需要勾芡

D. 炸类菜肴具有香、酥、脆、嫩、松等特点

2. 炸制刚开始时升高油温能让原料 (　　)。

A. 马上熟　　　　　　　B. 定型　　　　　　　C. 色泽金黄　　　　　　D. 增加香味

3. 以下不属于脆皮炸的特点的是 (　　)。

A. 需要调制脆皮水

B. 脆皮炸油温在 150 ℃ 左右

C. 脆炸乳鸽时不需要风干

D. 火候不能太猛，炸至大红色

4. 以下属于酥炸法的菜肴是 (　　)。

A. 奇妙海鲜卷

B. 菠萝咕噜肉

C. 吉列猪排

D. 脆炸鱼条

5. 以下不属于生炸法特点的是 (　　)。

A. 浸炸时间较长　　　　　　　　　　B. 原料先经过腌制

C. 以植物性原料为主　　　　　　　　D. 通常跟准盐、喼汁

二、填空题

1. 炸是一种广泛使用的烹饪方法，其特点包括旺火、热油、速成，以及方法的_____和_____。

2. 炸可以分为_____和_____两类。

3. 以_____为传热介质的烹调方法加热的原料，大部分要炸_____次，用于炸的原料在加热前一般要用_____浸渍，加热后往往附带辅助调味品（如椒盐、番茄沙司、辣椒油等）上桌，炸制菜肴的特点是香、酥、脆、嫩。

4. 不上浆、粉的原料炸至大红色，成为带香酥风味的菜式的方法是_____。

5. 根据原料的不同，有的不用挂糊，只用调料腌渍一下，就用旺火热油炸制，如清炸、_____、油浸炸；有的需要挂糊后再炸，如干炸、_____、_____、面包渣炸、脆炸、油淋等。

项目八
烹调方法——煎

扫码看课件

项目目标

素质目标

1. 树立文化自信，具有职业理想。
2. 具备信息化素养和创新意识。

知识目标

1. 理解烹调方法——煎的含义与特点。
2. 熟悉常见煎类粤菜品种的工艺流程。

能力目标

1. 掌握煎的火候运用和操作手法。
2. 熟练掌握煎的工艺流程及代表菜品的制作方法。

项目概览

将经过加工的烹饪原料有序放入有少量油的热锅中，使用中小火均匀加热至原料表面金黄、微焦并有香味后调味成菜的烹调方法称为煎。

类别	概念	代表性菜品
蛋煎	将调配好的蛋液进行煎制，使其凝结成扁平、两面金黄的圆形蛋饼的方法	香煎芙蓉蛋
软煎	将经过加工处理的烹饪原料挂上蛋液、生粉后煎熟，再对其进行勾芡、封汁等调味而成菜的方法	西柠煎软鸭

续表

类别	概念	代表性菜品
干煎	将经过加工处理的原料直接煎熟至其表皮呈金黄色，再配蘸料上菜或对其封汁成菜的方法	香麻煎鸡脯
煎焖	将原料经过煎制后，加入高汤焖制后勾芡成菜的方法	煎酿尖椒
煎焗	将原料经过煎制后，加入少量高汤（味汁）或料酒，将原料焗熟成菜的方法	煎焗水库鱼头
半煎炸	将经过腌制上粉或上浆的原料投入有少许油的锅中先煎至定型、上色，然后再进行炸制，使其硬身、成熟的方法	窝贴鱼

蛋煎——香煎芙蓉蛋

任务导入

香煎芙蓉蛋起源于广东省，是粤菜传统名菜。这道菜将鸡蛋与叉烧、虾仁、笋、香菇等食材巧妙搭配，以独特的煎制手法进行创作，不仅口感丰富还具有较高的营养价值，有补充营养、提高免疫力等功效，是粤菜的代表性菜品之一。

任务目标

素质目标

1. 形成规范操作的安全意识和职业意识。
2. 体验小组合作的快乐，增强团队合作意识和集体荣誉感。
3. 树立安全卫生意识，养成良好行为习惯。

知识目标

1. 理解蛋煎的定义与特点。
2. 了解蛋煎的具体应用。

能力目标

1. 掌握蛋煎的工艺流程和操作要领。
2. 能够独立完成菜品制作。

任务实施

一、知识准备

蛋煎是将调配好的蛋液进行煎制，使其凝结成扁平、两面金黄的圆形蛋饼的方法。煎的时候可以直接煎或生熟煎。直接煎是将调配好的蛋液直接用小火煎熟至两面金黄的方法。但由于蛋液难以凝结、不易翻面和火候掌握难度大，故一般用于蛋液量少的蛋饼。生熟煎是将少量蛋液倒入锅中加热至半成熟后取出，再倒入调配好的蛋液中拌匀煎熟至两面金黄的方法。此法易凝结和掌握火候难度小，一般适用于蛋液量多的蛋饼。

Note

二、原料准备

用料参考		重量参考 /g
主料	鸡蛋	200（4个）
调辅料	叉烧	25
	笋	30
	冬菇	25
	葱	10
	盐	3
	味精	2.5
	胡椒粉	0.5
	食用油	500（约耗油 20）

注：可根据具体教学内容调整用量。

三、工艺流程

香煎芙蓉蛋
制作视频

①将叉烧、笋、冬菇、葱切丝备用。

②将鸡蛋打散调味后备用。

③笋、冬菇焯水后沥干水分，叉烧拉油备用。

④猛锅阴油，取三分之一蛋液下锅炒至 7 至 8 成熟，并将所有处理好的辅料与蛋液等拌匀后，下锅，小火均匀加热至两面金黄且熟即可。

⑤将成品装盘。

四、技术要点

1. 辅料比例适当，一般为蛋液的 30% ～ 50%。
2. 煎制时的油不可太多。
3. 辅料必须先沥干水分后备用。

五、成品特点

外形圆而平整，色泽金黄，甘香浓郁，口感软嫩。

| 知行领航 |

    蛋煎时，蛋液搅拌均匀、把握下锅时机、翻面技巧等细节，细节会影响成品质量。我们在生活和学习中要注重细节，培养严谨认真的态度，明白细节的积累能带来质的提升，不忽视任何小环节，才能收获满意成果。

六、任务评价

（一）评价指标

评价内容	评价标准	分值/分	学生自评	教师评价
操作手法	切原料时刀具使用规范；烹制时动作规范	20		
成品标准	外形圆而平整，色泽金黄	30		
成品味道	甘香浓郁，口感软嫩	30		
卫生	操作时保持工位洁净；操作后工位干净整齐，工具清洗干净并摆放还原	20		
合计		100		

（二）小组互评

请选择您的满意指数 （请在 □ 内画 √）	非常满意	满意	一般	不满意
操作流程规范	□	□	□	□
外形圆而平整，色泽金黄	□	□	□	□
甘香浓郁，口感软嫩	□	□	□	□
本菜品令您满意的地方				
本菜品您认为不足的地方				
本菜品您能接受的价格是	元/份			
意见和建议				

软煎——西柠煎软鸭

→ 任务导入

西柠煎软鸭是一道融合酸甜口味的经典粤菜，由海外的华侨根据当地食材和烹饪技巧创新而来。这道菜融合了粤菜的传统技艺和西餐的烹调理念，使用简单的原材料和调料，却能呈现出酥香可口的口感。西柠汁的加入有效地解除了鸭肉的油腻感，使其鲜香且清爽。腌制鸭肉时加入鸡蛋，使肉质更加鲜香入味。烹制好的鸭肉配上调制好的琉璃芡，撒上炒香的芝麻，既美观又美味，有滋阴清热、增强体质等功效。

→ 任务目标

▶ 素质目标 ◀

1. 形成规范操作的安全意识和职业意识。
2. 体验小组合作的快乐，增强团队合作意识和集体荣誉感。
3. 树立安全卫生意识，养成良好行为习惯。

▶ 知识目标 ◀

1. 理解软煎的定义与特点。
2. 了解软煎的具体应用。

▶ 能力目标 ◀

1. 掌握软煎的工艺流程和操作要领。
2. 能够独立完成菜品制作。

→ 任务实施

一、知识准备

软煎是指将经过加工处理的烹饪原料挂上蛋液和生粉后煎熟，再对其进行勾芡、封汁等调味而成菜的方法。软煎一般选用鲜嫩的禽畜肉料，且原料要先腌制入味备用。成品一般需要封汁或者淋芡，肉脯多为封汁；鸡、鸭等多为淋芡。

二、原料准备

用料参考		重量参考/g
主料	鸭胸肉	300
调辅料	上汤	100
	蛋液	30
	姜	10
	葱	10
	生粉	150
	盐	5
	白醋	5
	绍酒	10
	白糖	15
	胡椒粉	0.3
	味精	10
	西柠汁	50
	食用油	500（约耗油 50）

注：可根据具体教学内容调整用量。

三、工艺流程

西柠煎软鸭
制作视频

①将鸭胸肉处理干净备用。

②将鸭胸肉修整成厚件，用工具或刀背锤松散，姜切片、葱切段备用，加入盐、味精、绍酒、胡椒粉等腌制 13～15 min，挑去葱、姜加入蛋液和生粉拌匀，下锅前再拍一次生粉。

③猛锅阴油，放入鸭胸肉，先煎鸭皮面，小火煎至两面金黄。

④将鸭胸肉刀工切配装盘备用。

⑤取上汤，放入西柠汁、白糖、白醋、盐等，烧开后勾芡，包尾油备用。上桌前配上调好味的芡汁即可（也可以在加热成熟的过程中勾芡后再切件装盘）。

四、技术要点

1. 鸭胸肉要处理干净，腌制入味。
2. 上生粉后搅拌次数不宜过多。
3. 煎之前要猛锅阴油，中小火煎至两面金黄。
4. 切件要均匀，勾芡要合理。

五、成品特点

焦香软嫩，酸甜可口，风味独特。

| 知行领航 |

不同食材软煎时的处理方式不同，因质地和特性有别，烹饪手法和调料运用也各有差异。这就好比教师面对不同学生，要关注个体差异、因材施教，让每个学生都能得到发展。学生在生活中也要尊重人与人的不同，包容多元。

六、任务评价

（一）评价指标

评价内容	评价标准	分值 / 分	学生自评	教师评价
操作手法	切原料时刀具使用规范；烹制时动作规范	20		
成品标准	形状完整，芡汁明亮，厚薄适中	30		
成品味道	焦香软嫩，酸甜可口	30		
卫生	操作时保持工位洁净；操作后工位干净整齐，工具清洗干净并摆放还原	20		
合计		100		

（二）小组互评

请选择您的满意指数 （请在□内画√）	非常满意	满意	一般	不满意
刀工均匀，熟处理熟练规范	□	□	□	□
形状完整，芡汁明亮，厚薄适中	□	□	□	□
焦香软嫩，酸甜可口	□	□	□	□
本菜品令您满意的地方				
本菜品您认为不足的地方				
本菜品您能接受的价格是	元 / 份			
意见和建议				

干煎——香麻煎鸡脯

任务导入

香麻煎鸡脯是一道独具风味的菜肴,其制作方法融合了中式的煎炸技术和调味技巧。鸡脯肉因其细嫩的肉质和低脂肪、高蛋白的特点,常被用于各种烹饪方式中,如炒、炸、煎等。而芝麻(尤其是白芝麻),因其独特的香味和营养价值,也常用于增添菜肴的风味。两者的结合,有温中益气、抗氧化等功效。

任务目标

素质目标

1. 形成规范操作的安全意识和职业意识。
2. 体验小组合作的快乐,增强团队合作意识和集体荣誉感。
3. 树立安全卫生意识,养成良好行为习惯。

知识目标

1. 理解干煎的定义与特点。
2. 了解干煎的具体应用。

能力目标

1. 掌握干煎的工艺流程和操作要领。
2. 能够独立完成菜品制作。

任务实施

一、知识准备

干煎是指将经过加工处理的原料直接煎熟至其表皮呈金黄色,再配蘸料上菜或对其封汁成菜的方法。原料多为扁平状,不上粉浆。加热时用中小火煎熟煎透,成品可干香,也可封入少量味汁。注意沾芝麻的菜肴既不封汁,也不淋芡。

Note

二、原料准备

用料参考		重量参考/g
主料	鸡胸肉	400
调辅料	白芝麻	100
	蛋液	30
	姜	10
	葱	10
	盐	5
	绍酒	10
	生粉	30
	白糖	10
	胡椒粉	0.3
	味精	10
	食用油	500（约耗油50）

注：可根据具体教学内容调整用量。

三、工艺流程

香麻煎鸡脯
制作视频

①将鸡胸肉处理干净备用。

②将鸡胸肉修整成 0.8 cm 左右的长方形厚件，用刀背剞花刀，姜切片、葱切段，加入盐、味精、绍酒、白糖、胡椒粉等腌制 13 ～ 15 min，挑去葱、姜；加入生粉、蛋液拌匀备用。

③猛锅阴油，鸡胸肉沾上蛋液后，再沾上白芝麻，即可进行烹调，中小火煎至两面金黄。

④将鸡胸肉刀工切配装盘备用。

⑤将成品装盘。

四、技术要点

1.鸡胸肉要处理干净，腌制入味。

2. 鸡胸肉要煎熟。

3. 煎之前要猛锅阴油，中小火煎至两面金黄。

4. 切件要均匀。

五、成品特点

色泽金黄，香味浓郁，外焦里嫩，甘香可口。

| 知行领航 |

　　干煎时需小火慢煎，耐心等待食材熟透，这个过程需要长时间的坚守，不能急于求成。就像同学们在追求梦想的道路上，会遇到各种各样困难和挑战，只有坚守初心，经历磨砺，才能收获成功的果实。

六、任务评价

（一）评价指标

评价内容	评价标准	分值/分	学生自评	教师评价
操作手法	切原料时刀具使用规范；烹制时动作规范	20		
成品标准	形状完整，色泽金黄，厚薄适中	30		
成品味道	香味浓郁，外焦里嫩，甘香可口	30		
卫生	操作时保持工位洁净；操作后工位干净整齐，工具清洗干净并摆放还原	20		
合计		100		

（二）小组互评

请选择您的满意指数 （请在 □ 内画 √）	非常满意	满意	一般	不满意
刀工均匀，熟处理熟练规范	□	□	□	□
形状完整，色泽金黄，厚薄适中	□	□	□	□
香味浓郁，外焦里嫩，甘香可口	□	□	□	□
本菜品令您满意的地方				
本菜品您认为不足的地方				
本菜品您能接受的价格是	元/份			
意见和建议				

煎焖——煎酿尖椒

→ 任务导入

煎酿尖椒是一道粤菜传统菜肴，体现了广东人对食材的巧妙处理和对风味的独特追求。将尖椒切成合适的段，去掉籽，酿入精心调制的肉馅，再进行烹调，使肉与尖椒的味道合二为一，形成了独特的风味，深受大众喜爱。这道菜不仅味道鲜美，而且营养丰富，具有促进消化、增加免疫力、预防心血管疾病等功效。

→ 任务目标

素质目标

1. 形成规范操作的安全意识和职业意识。
2. 体验小组合作的快乐，增强团队合作意识和集体荣誉感。
3. 树立安全卫生意识，养成良好行为习惯。

知识目标

1. 理解煎焖的定义与特点。
2. 了解煎焖的具体应用。

能力目标

1. 掌握煎焖的工艺流程和操作要领。
2. 能够独立完成菜品制作。

→ 任务实施

一、知识准备

煎焖是指将原料经过煎制后，加入高汤焖制后勾芡成菜的烹调方法。此法既能保持煎的焦香味，又能使食材具有鲜、嫩、滑的特殊风味。

二、原料准备

用料参考		重量参考 /g
主料	猪肉	250
	鱼肉	150
	尖椒	250
调辅料	姜	2
	蒜	2
	盐	3
	麻油	1
	绍酒	5
	生粉	20
	白糖	3
	红椒	25
	胡椒粉	0.5
	味精	7
	豉油	15
	老抽	5
	食用油	500（约耗油 30）
	蚝油	3
	豆豉	3

注：可根据具体教学内容调整用量。

三、工艺流程

煎酿尖椒
制作视频

①将鱼肉、猪肉去皮切片，一同剁蓉；加入盐、白糖、味精、胡椒粉、生粉等调味并打至起胶后，封油备用。

②尖椒去掉头尾，并在中间一开二，去籽，备用；将姜、蒜、红椒、豆豉切末备用。

③将尖椒酿肉面拍上生粉，酿入肉胶后接缝处拍少许干粉即可。

④猛锅阴油，中小火煎至肉面金黄色，取出备用；把锅洗净后，留少许底油，下入料头爆香，加入绍酒、下味汁、下辣椒，略焖，捞起尖椒装盘备用，勾芡，包尾油后即可起锅装盘。

四、技术要点

1.酿入馅料前，需在尖椒表面拍上少许生粉，防止馅料烹制时掉落。

2.焖制时间不宜过长。

五、成品特点

既有煎的焦香味，又有鲜、嫩、滑的特殊风味。

相关知识

煎 酿 尖 椒

在粤菜体系的客家菜中，煎酿尖椒是一道典型的传统菜肴，体现了客家人对食物的巧妙处理和对风味的独特追求。客家文化是中国南方的一种重要文化现象，客家人由于历史上的迁徙，形成了其独特的饮食文化和生活方式。煎酿尖椒的制作过程包括将尖椒切成合适的段，去掉籽，酿入精心调制的肉馅，再通过煎焖的方式烹饪。这道菜不仅味道丰富，同时还从侧面反映了粤菜厨师对食材的尊重和利用，以及对味道和口感的极致追求。

总的来说，煎酿尖椒不仅是一道美味佳肴，也是中国饮食文化多样性和丰富性的体现，反映了中国人对食物的热爱和对生活品质的追求。

知行领航

煎焖结合了煎的香脆和焖的入味，是烹饪技法的融合。同学们在学习和工作中，要大胆融合不同知识、理念，勇于创新。在解决问题时，借鉴多学科知识，采用不同的方法，通过创新思维的火花，创造出独特的解决方案。

六、任务评价

（一）评价指标

评价内容	评价标准	分值/分	学生自评	教师评价
操作手法	馅料制作标准；酿制规范；烹制时动作规范	20		
成品标准	形状完整，芡汁明亮	30		
成品味道	既有煎的焦香味，又有鲜、嫩、滑的特殊风味	30		
卫生	操作时保持工位洁净；操作后工位干净整齐，工具清洗干净并摆放还原	20		
合计		100		

（二）小组互评

请选择您的满意指数 （请在□内画√）	非常满意	满意	一般	不满意
操作熟练规范	□	□	□	□
形状完整，芡汁明亮	□	□	□	□
既有煎的焦香味，又有鲜、嫩、滑的特殊风味	□	□	□	□
本菜品令您满意的地方				
本菜品您认为不足的地方				
本菜品您能接受的价格是	元/份			
意见和建议				

煎焗——煎焗水库鱼头

→ **任务导入**

煎焗水库鱼头是一道传统的粤菜名菜。这种做法的起源主要是由于当时饲养的鱼的肉质较为疏松且脂肪含量较高。为了改善鱼肉的口感和风味，广东顺德地区的厨师们发明了煎焗的烹饪方法。通过使用高温煎锅，能够有效地逼出鱼肉中的油脂，从而使鱼肉香气四溢。此外，裹上一层生粉进行煎制，可以使鱼肉外表产生酥脆的口感。煎焗后的鱼头呈现出金黄色的外观，外皮酥脆而内部肉质嫩滑，味道鲜美可口。这种烹饪方式不仅适用于鱼头，也适用于鱼肉、鱼骨甚至其他类型的食材。

→ **任务目标**

▶ **素质目标** ◀

1. 形成规范操作的安全意识和职业意识。
2. 体验小组合作的快乐，增强团队合作意识和集体荣誉感。
3. 树立安全卫生意识，养成良好行为习惯。

▶ **知识目标** ◀

1. 理解煎焗的定义与特点。
2. 了解煎焗的具体应用。

▶ **能力目标** ◀

1. 掌握煎焗的工艺流程和操作要领。
2. 能够独立完成菜品制作。

→ **任务实施**

一、知识准备

煎焗是指将原料经过煎制后，加入少量高汤（味汁）或料酒，将原料焗熟成菜的烹调方法。煎焗由煎和焗共同完成，以煎为主，煎焗结合。菜肴成品色泽金黄、滋甘味美，肉质嫩滑鲜美。

Note

二、原料准备

用料参考		重量参考 /g
主料	水库鱼头	500
调辅料	蒜	25
	姜	25
	葱	25
	青椒	25
	红椒	25
	鸡蛋	50（1个）
	盐	3
	绍酒	10
	生粉	70
	白糖	3
	胡椒粉	0.3
	味精	5
	生抽	10
	食用油	15
	蚝油	5

注：可根据具体教学内容调整用量。

三、工艺流程

煎焗水库鱼头
制作视频

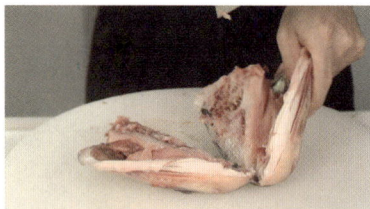

①将鱼头砍块后洗净，吸干水分备用；依次加入盐、味精、白糖、胡椒粉稍微拌匀后，再加入生抽、蚝油、鸡蛋黄、生粉、食用油等腌制鱼块 10 min 左右；姜切菱形片、蒜切片、青椒与红椒切菱形片、葱切段、香菜切段备用；将绍酒、蚝油、盐、白糖、味精、胡椒粉拌匀调成味汁备用。

②猛锅阴油，煎鱼头至两面金黄倒出备用，洗净锅，留底油，爆香料头，将鱼头码放整齐，烹入味汁，加盖略焗，加入绍酒，待香味溢出后即可出锅。

③将成品装盘。

四、技术要点

1. 鱼头需要腌制且大小要均匀。

2. 注意水分要少。

3. 焗制时火力不可太大，且要加盖。

4. 一般不勾芡。

五、成品特点

色泽金黄、滋甘味美、肉质嫩滑味鲜。

| 知行领航 |

　　煎焗过程中，对火候、油温、时间的把握极其关键。如煎焗鱼时，火候过大鱼皮易焦，火候过小则无法焗出香味。学生在学习这一技法时，需要反复练习，不断调整，才能达到理想效果。同学们在学习和工作中也要有这种精益求精的态度，对每一个细节都不马虎，力求做到最好，培养追求卓越的品质。

六、任务评价

（一）评价指标

评价内容	评价标准	分值/分	学生自评	教师评价
操作手法	切原料时刀具使用规范；烹制时动作规范	20		
成品标准	鱼头大小均匀，色泽金黄	30		
成品味道	滋甘味美、肉质嫩滑味鲜	30		
卫生	操作时保持工位洁净；操作后工位干净整齐，工具清洗干净并摆放还原	20		
合计		100		

（二）小组互评

请选择您的满意指数（请在□内画√）	非常满意	满意	一般	不满意
刀工均匀，熟处理熟练规范	□	□	□	□
鱼头大小均匀，色泽金黄	□	□	□	□

续表

请选择您的满意指数 （请在 □ 内画 √ ）	非常满意	满意	一般	不满意
滋甘味美、肉质嫩滑味鲜	□	□	□	□
本菜品令您满意的地方				
本菜品您认为不足的地方				
本菜品您能接受的价格是	元 / 份			
意见和建议				

半煎炸——窝贴鱼

→ 任务导入

　　粤菜中的窝贴鲈鱼是一道集传统与创新于一体的美食。鲁菜中的窝贴鲈鱼传入广东后，粤菜师傅在传统技法基础上，融入本地特点，调整配料与工序，结合对食材的独到理解和高超的烹饪技巧，使得这道菜在口感和风味上都十分出色，深受食客喜爱。

→ 任务目标

▶ 素质目标 ◀

1. 形成规范操作的安全意识和职业意识。
2. 体验小组合作的快乐，增强团队合作意识和集体荣誉感。
3. 树立安全卫生意识，养成良好行为习惯。

▶ 知识目标 ◀

1. 理解半煎炸的定义与特点。
2. 了解半煎炸的具体应用。

▶ 能力目标 ◀

1. 掌握半煎炸的工艺流程和操作要领。
2. 能够独立完成菜品制作。

→ 任务实施

一、知识准备

　　半煎炸是指将经过腌制上粉或上浆的原料投入有少许油的锅中先煎至定型、上色，然后再进行炸制，使其硬身、成熟的烹调方法。此法成品多为窝贴类品种，色泽金黄，外香酥而内鲜嫩。

二、原料准备

用料参考		重量参考/g
主料	净鲈鱼	300
调辅料	方包（方形面包）	120
	鸡蛋	150（3个）
	生粉	80
	绍酒	15
	白糖	3
	葱	25
	姜	25
	味精	5
	盐	5
	麻油	2
	食用油	1000（约耗油60）

注：可根据具体教学内容调整用量。

三、工艺流程

窝贴鱼
制作视频

①将鲈鱼去皮并与方包切成规格相等的长方形备用，葱切段、姜切片，放入改好刀的鱼肉中，用盐、味精、白糖、绍酒、麻油拌匀后备用，将鸡蛋黄（3个）、盐、白糖、味精、生粉搅拌均匀调制成窝贴浆备用。

②猛锅阴油，挑出鱼肉中的葱、姜，鱼肉均匀裹上窝贴浆。随后将方包平铺在生粉上，逐件贴上鱼肉再撒生粉。鱼肉在下，中小火煎至定形上色，然后加油半煎炸至仅熟，控干油分，即可摆盘上菜。

四、技术要点

1. 由于煎炸时会损失水分，故在调味方面调至 8 分味即可。
2. 由于方包容易煎焦，所以煎制时要用中小火。

五、成品特点

色泽金黄、外香酥、内鲜嫩。

| 知行领航 |

　　半煎炸需要控制油的用量，油用量太少会导致食材不熟，油用量太多易造成油腻和浪费。这就像生活中处理事情要把握好度，无论是学习强度、娱乐时间，还是人际交往的分寸，都需要合理拿捏，培养理性、适度的处事态度。

六、任务评价

（一）评价指标

评价内容	评价标准	分值/分	学生自评	教师评价
操作手法	窝贴浆稀稠得当，烹制火候恰当，烹制时动作规范	20		
成品标准	色泽金黄，形状完整	30		
成品味道	外香酥、内鲜嫩	30		
卫生	操作时保持工位洁净；操作后工位干净整齐，工具清洗干净并摆放还原	20		
合计		100		

（二）小组互评

请选择您的满意指数 （请在 □ 内画 √）	非常满意	满意	一般	不满意
刀工均匀，窝贴浆稀稠得当，烹制火候恰当	□	□	□	□
色泽金黄，形状完整	□	□	□	□

续表

请选择您的满意指数 （请在 □ 内画 √）	非常满意	满意	一般	不满意
外香酥、内鲜嫩	□	□	□	□
本菜品令您满意的地方				
本菜品您认为不足的地方				
本菜品您能接受的价格是	元 / 份			
意见和建议				

项目小结

本项目主要介绍了烹调方法——煎的概念、分类，以及不同煎制方法对应的粤菜代表性菜品的具体工艺流程、技术要点、成品特点等。本项目的知识结构如图所示。

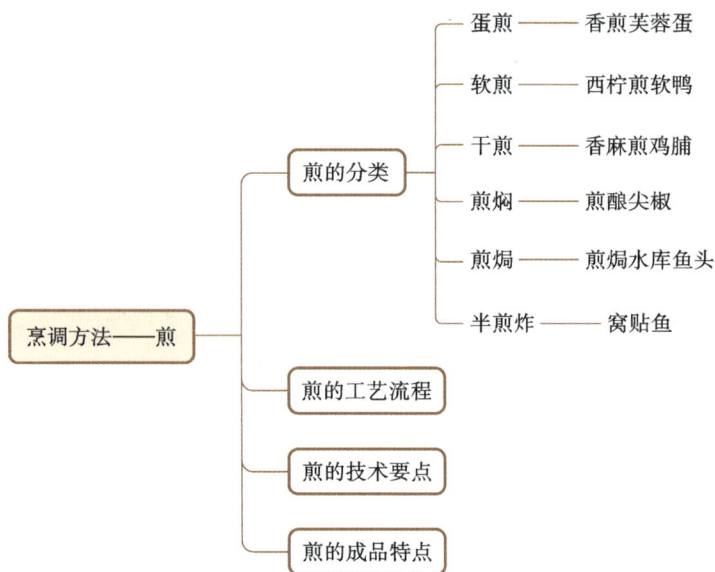

- 烹调方法——煎
  - 煎的分类
    - 蛋煎 —— 香煎芙蓉蛋
    - 软煎 —— 西柠煎软鸭
    - 干煎 —— 香麻煎鸡脯
    - 煎焖 —— 煎酿尖椒
    - 煎焗 —— 煎焗水库鱼头
    - 半煎炸 —— 窝贴鱼
  - 煎的工艺流程
  - 煎的技术要点
  - 煎的成品特点

同步测试

一、选择题

1. 果汁煎鸡脯的烹制方法是（   ）。
A. 软煎法　　　　B. 煎封法　　　　C. 煎焖法　　　　D. 煎焗法

2. 窝贴鱼的烹制方法是（   ）。
A. 炸法　　　　B. 煎封法　　　　C. 煎焖法　　　　D. 半煎炸法

3. 以下不属于软煎法的特点的是（   ）。

A. 软煎法一般选用鲜嫩的禽畜肉料

B. 原料要先腌制入味备用

C. 成品一般需要封汁或者打芡

D. 原料多为扁平状，不上粉浆

4. 以下关于干煎法说法正确的是（　　　　）。

A. 将调配好的蛋液进行煎制，使其凝结成扁平、两面金黄的圆形蛋饼的方法

B. 将经过加工处理的原料直接煎熟至表皮金黄，直接配蘸料上菜或对其封汁成菜的方法

C. 将经过加工处理的烹饪原料挂上蛋液后煎熟，再对其进行勾芡、封汁等调味而成菜的方法

D. 将经过腌制上粉或上浆的原料投入到有少许油的锅中先煎至定型、上色，随后再加油炸制，使其硬身、成熟的方法

5. 以下不属于干煎法特点的是（　　　　）。

A. 干煎法中沾芝麻的菜肴既不封汁，也不淋芡，配上佐料即可

B. 原料多为扁平状，不上粉浆

C. 成品一般需要封汁或者打芡

D. 成品可干香，也可封入少量味汁

6. 以下使用煎焖法制作而成的菜品是（　　　　）。

A. 煎焖鱼头

B. 煎酿青椒

C. 生煎排骨

D. 葱花煎蛋

二、填空题

1. 煎烹调法分为_____、_____、_____、_____、_____、_____六种煎法。

2. 将经过处理的原料直接煎熟至表皮金黄色，直接配蘸料上菜或对其封汁成菜的方法叫作_____。原料多为_____，不上粉浆。加热时用_____煎熟煎透，成品可干香，也可_____。

3. 原料经过煎制后，加入少量_____，将原料焖熟成菜的方法叫作煎焖法。煎焖法由_____和_____共同完成，以煎为主，煎焖结合。菜肴成品_____、滋甘味美，_____。

▶主要参考文献

[1] 陈平辉，巫炬华.粤菜制作 [M].广州：暨南大学出版社，2020.

[2] 许启东，胡阳，吴子彪，等.中式烹调技艺 [M].重庆：重庆大学出版社，2015.

[3] 黄明超.粤菜烹饪教程 [M].广州：广东人民出版社，2015.

[4] 吴子彪，冯智辉，刘远东.粤菜烹调技术 [M].广州：暨南大学出版社，2020.

[5] 陈光新.烹饪概论 [M].4 版.北京：高等教育出版社，2019.

[6] 王国君.中式烹调技艺 [M].3 版.北京：电子工业出版社，2022.

華中科技大学出版社
http://press.hust.edu.cn

华中科技大学出版社
http://press.hust.edu.cn

华中科技大学出版社
http://press.hust.edu.cn

华中科技大学出版社
http://press.hust.edu.cn

華中科技大学出版社
http://press.hust.edu.cn

華中科技大学出版社
http://press.hust.edu.cn